浙江省玉环漩门湾国家湿地公园鸟类

孙海平　赵　洪　陈严雪　吴丞昊◎编著

中国林业出版社

·北京·

浙江省玉环漩门湾国家湿地公园鸟类 / 孙海平等编著. -- 北京：中国林业出版社，2021.9（2022.7）
ISBN 978-7-5219-1334-7

Ⅰ. ①浙… Ⅱ. ①孙… Ⅲ. ①沼泽化地－国家公园－鸟类－浙江－图集

Ⅳ. ①Q959.708-64

中国版本图书馆CIP数据核字(2021)第173817号

图书在版编目（CIP）数据

出　版：中国林业出版社（100009 北京市西城区刘海胡同7号）

网　址：http://www.forestry.gov.cn/lycb.html

E-mail：cfybook@sina.com　　　电　话：010-83143521　83143612

发　行：中国林业出版社

印　刷：北京博海升彩色印刷有限公司

版　次：2021年9月第1版

印　次：2022年7月第2次

开　本：787mm×1092mm　1/16

印　张：16.5

字　数：200千字

定　价：270.00元

编委会名单

主　　编	孙海平　赵　洪
副 主 编	陈严雪　吴丞昊
编　　委	（按姓氏笔画排序） 王珍彩　孙海平　李元春　吴丞昊　陈严雪　林忠东 郑恩华　赵　洪　钟加荣　徐　雪　郭传良　黄丹林 谢　榕
摄　　影	（按姓氏笔画排序） 王　昌　王小平　王云梅　王聿凡　阮善青　吴丞昊 宋世和　陈光辉　陈严雪　陈夏富　周佳俊　俞肖剑 袁　晓　钱　斌　温超然　谢　伟
手　　绘	刘　东
供图单位	华东自然
主编单位	浙江省玉环漩门湾国家湿地公园管理处 浙江省玉环市自然资源和规划局

孙海平

男，1966年7月出生，1988年8月毕业于浙江林学院，高级工程师。先后在玉环县农林局、林业特产局、市农业林业局、市自然资源和规划局等单位从事林业工作。主持完成玉环县海岛植被调查、森林资源调查、古树名木调查、湿地资源调查等，编写玉环市湿地保护规划、林地保护规划、森林资源规划设计调查成果等，在各类刊物上发表《玉环市红树林现状及保护对策》《漩门湾国家湿地公园生态系统服务价值评估》等论文7篇，获各类科技成果奖5项。荣获玉环县优秀专业人才、县农业首席专家、台州市科技新秀、浙江省森林资源保护先进个人、省林业产业发展先进个人等荣誉称号。

赵　洪

男，1963年4月出生，玉环漩门湾国家湿地公园工作。原浙江林业学校经济林专业毕业，后于浙江林学院园林专业学习，大学本科学历，高级农艺师。先后在玉环县农林局、玉环县文旦特产局和玉环县林业特产局工作，先后发表《浙江玉环漩门湾国家湿地公园黑脸琵鹭观察统计分析》《综合性周年观光采摘园瓜果品种规划的实践》等论文10余篇，玉环市政协第八届、第九届委员，荣获2017—2020年度优秀政协委员和2016—2019年度玉环经济开发区管委会先进个人。

作者简介

陈严雪

男，1985年1月出生，毕业于浙江农林大学林学专业。浙江省林学会、浙江省野鸟会会员。主要从事湿地与野生动植物资源调查监测、野生动物疫源疫病监测、野生动物收容救护、生态学与生物多样性研究。先后参与了浙江省迁徙水鸟同步调查及环志、浙江省玉环漩门湾国家湿地公园水鸟栖息地改造、浙江省玉环漩门湾国家湿地公园植被恢复、温岭市野生动物本底调查、杭州湾鸟类环志与疫源疫病监测等重大项目。在各类刊物上发表学术论文3篇。

吴丞昊

男，1987年4月出生，2010年7月毕业于浙江农林大学。主要从事各类森林资源规划与调查、湿地与野生动植物资源调查监测、生态学与生物多样性研究。先后主持或参与了浙江省森林资源连续清查、浙江省森林资源规划设计调查、浙江第二次野生动植物资源调查、浙江省湿地资源调查、浙江省迁徙水鸟同步调查及环志和安吉、德清、温岭等县域本底调查等多项省级、国家级重大林业自然资源调查与监测研究项目。在各类刊物上发表学术论文7篇，获科技成果奖2项。

序

　　浙江省玉环漩门湾国家湿地公园是我国东南地区典型的近海与海岸湿地生态系统，2020年纳入《国家重要湿地名录》，是东亚－澳大利西亚候鸟迁徙通道上的重要驿站。自2011年年底创建国家湿地公园以来，浙江省玉环漩门湾国家湿地公园坚持"保护优先、科学修复"的原则，致力于候鸟栖息地保护、生态修复及科研监测工作。先后实施退渔还湖、退塘还湿、疏浚清淤等工作，并组建专业保护队伍，建设"鸟类实时监测系统"平台，与科研院校等单位合作开展鸟类专项调查。

　　在地方政府的高度重视、各级林业部门及相关单位的共同努力下、在社会各界的大力支持下，经过多年努力，浙江省玉环漩门湾国家湿地公园候鸟栖息生境及湿地生态状况明显改善，鸟类种群数量不断增加，尤其是珍稀濒危鸟类黑脸琵鹭种群数量增加明显，为全球生物多样性保护、履行国际公约、推动建设生命共同体贡献了力量。

《浙江省玉环漩门湾国家湿地公园鸟类》收集整理了大量的野生鸟类本底资料，以科学严谨的态度，图文并茂地展示了浙江省玉环漩门湾国家湿地公园十余年来的鸟类监测成果。本书具有较高的管理、科研和科普价值，有助于管理人员开展鸟类保护管理工作，同时有助于科研工作者开展学术研究，也有助于社会公众进一步了解、认识浙江省玉环漩门湾国家湿地公园野生鸟类多样性及其栖息环境。

　　在此，我谨对本书的作者和编辑们付出的辛勤汗水表示敬意，对所有为浙江省玉环漩门湾国家湿地公园建设发展作出贡献的管理工作者、科研人员、志愿者表示由衷的感谢，对浙江省玉环漩门湾国家湿地公园取得的显著成绩表示祝贺，希望浙江省玉环漩门湾国家湿地公园在新时代生态文明建设中发挥更大作用。

浙江省生态文化协会湿地分会主任

2021年6月

前言

　　浙江省玉环漩门湾国家湿地公园（简称漩门湾国家湿地公园）位于浙江省台州市玉环市境内，毗邻乐清湾，与雁荡山隔海相望。漩门湾国家湿地公园兼具近海与湖泊两种不同类型的湿地，是浙东南近海与海岸湿地的典型代表之一，总面积31.48 平方千米，湿地面积28.60平方千米，湿地率为90.85%。

　　漩门湾国家湿地公园，是我国东部沿海候鸟最富集的地区之一，是东亚－澳大利西亚候鸟迁徙通道上重要的驿站，古往今来无数候鸟在此栖息和越冬。为掌握湿地公园鸟类资源情况，2010年至今，通过持续开展鸟类多样性调查工作、黑脸琵鹭专项调查工作、浙江省水鸟同步调查及环志工作，通过收集"鸟类实时监测系统"平台影像资料和观鸟爱好者记录资料，获取了大量的野生鸟类本底数据，现汇编成《浙江省玉环漩门湾国家湿地公园鸟类》。

　　该书收录了漩门湾国家湿地公园2010—2021年所记录的230种野生鸟类，隶属于19目57科，其中雀形目26科78种，非雀形目18目31科

152种；国家重点保护野生鸟类53种（国家一级重点保护野生鸟类10种，国家二级重点保护野生鸟类43种）；浙江省重点野生保护鸟类28种；《中国生物多样性红色名录》（2021年）评估等级近危（NT）及以上的野生鸟类40种；《世界自然保护联盟（IUCN）濒危物种红色名录》（2018年）评估等级近危（NT）及以上的野生鸟类25种。本书对记录鸟类的形态、分布、栖息环境、居留类型做了详细的描述，并配以生动的图片，形象地展示了漩门湾国家湿地公园野生鸟类及其栖息环境，为今后漩门湾国家湿地公园的鸟类动态监测和保护管理提供了翔实的本底资料。

鉴于篇幅有限，只整合收录230种鸟类的部分相关知识与信息，恐有疏忽、遗漏乃至错误，诚望各位专家和业内人士批评指正。特此对支持该书的汇编并提供大量资料的前辈学者、观鸟爱好者表示深深的敬意和衷心的感谢。

编著者

2021年9月

本书使用说明

物种编号　　基本信息　　本书页码

中文名

学名

英文名

物种照片

浙江省玉环漩门湾国家湿地公园　鸟类　001

001

环颈雉
Phasianus colchicus
Common Pheasant

别　名	雉鸡、野鸡
居留类型	留鸟
保护等级	浙江省一般保护动物
濒危等级	中国生物多样性红色名录：无危（LC） IUCN：无危（LC）

鸡形目 GALLIFORMES
雉科 Phasianidae

物种所属目

物种所属科

分　　布：广泛分布于欧亚大陆，引种至欧洲、澳大利亚、新西兰、夏威夷及北美洲。在中国分布于除青藏高原部分地区和海南外的绝大多数地区。
形　　态：大型雉类。雄鸟头部具金属绿色光泽，眼周具鲜红色裸皮；颈部多金属绿色，有些亚种有白色颈圈；上背和肩羽金黄色，有黑色斑点，背棕黄色具有乳白和黑色横纹；尾羽棕褐色具褐色横纹；胸部、腹部多紫红色，两胁棕黄色具深栗色点斑。雌鸟整体棕褐色，密布浅褐色斑纹。虹膜红褐色；喙角质色；脚灰褐色。
栖息环境：栖息于山地、低山丘陵、农田、沼泽草地等多种生境。
食　　性：食性杂，食物组成随季节和环境而变化。
习　　性：雄鸟单独或集小群活动，雌鸟和其雏鸟偶尔与其他鸟合群。

物种分布情况、形态、栖息环境、食性及习性具体描述

鸟类结构图

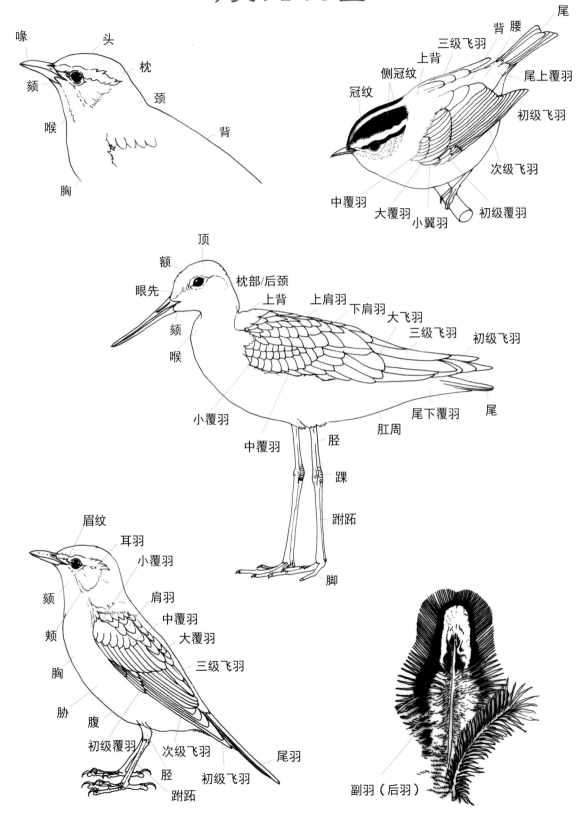

喙　头
额　枕
喉　颈
　　背
胸

尾
背　腰
三级飞羽
上背　尾上覆羽
侧冠纹　初级飞羽
冠纹
次级飞羽
中覆羽　初级覆羽
大覆羽　小翼羽

顶
额　枕部/后颈
眼先　上背　上肩羽　下肩羽　大飞羽
颏　　　　　　　　三级飞羽　初级飞羽
喉
尾下覆羽　尾
小覆羽　肛周
中覆羽　胫
踝
跗跖
脚

眉纹
耳羽
小覆羽
肩羽
额　中覆羽
颊　大覆羽
胸　三级飞羽
胁
腹
初级覆羽
次级飞羽　尾羽
胫
初级飞羽
跗跖

副羽（后羽）

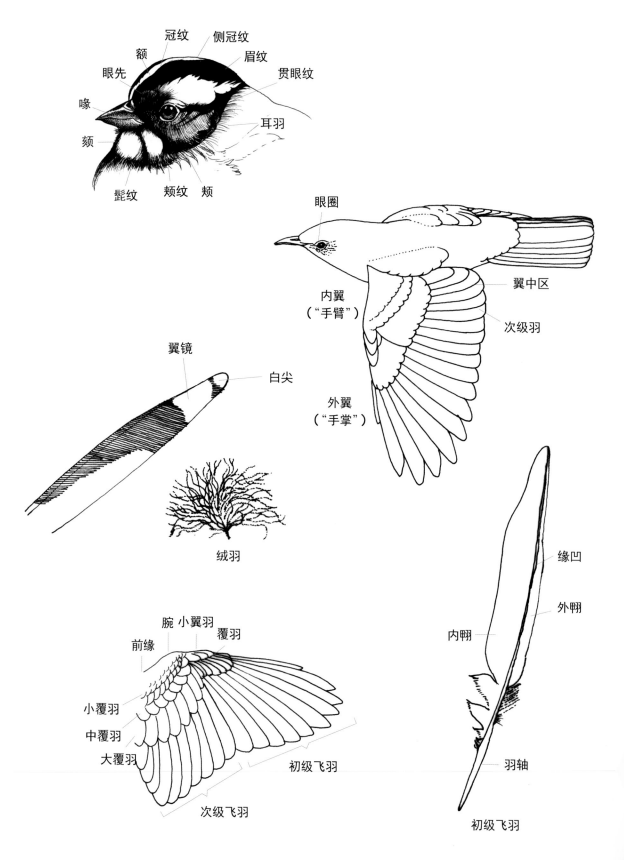

冠纹　侧冠纹
额　　　　　眉纹
眼先　　　　　贯眼纹
喙
颏　　　　　　耳羽
髭纹　颊纹　颊

眼圈

内翼
（"手臂"）　　翼中区

次级羽

外翼
（"手掌"）

翼镜　　白尖

绒羽

缘凹

外翈

内翈

羽轴

腕　小翼羽
前缘　　覆羽

小覆羽

中覆羽

大覆羽　　　初级飞羽

次级飞羽

初级飞羽

目　录

001

环颈雉
Phasianus colchicus
Common Pheasant

鸡形目 GALLIFORMES
雉科 Phasianidae

别　　名	雉鸡、野鸡
居留类型	留鸟
保护等级	浙江省一般保护动物
濒危等级	中国生物多样性红色名录：无危（LC） IUCN：无危（LC）

分　　布： 广泛分布于欧亚大陆，引种至欧洲、澳大利亚、新西兰、夏威夷及北美洲。在中国分布于除青藏高原部分地区和海南外的绝大多数地区。

形　　态： 大型雉类。雄鸟头部具金属绿色光泽，眼周具鲜红色裸皮；颈部多金属绿色，有些亚种有白色颈圈；上背和肩羽金黄色，有黑色斑点，背棕黄色具有乳白和黑色横纹；尾羽棕褐色具褐色横纹；胸部、腹部多紫红色，两胁棕黄色具深栗色点斑。雌鸟整体棕褐色，密布浅褐色斑纹。虹膜红褐色；喙角质色；跗跖灰褐色。

栖息环境： 栖息于山地、低山丘陵、农田、沼泽草地等多种生境。

食　　性： 食性杂，食物组成随季节和环境而变化。

习　　性： 雄鸟单独或集小群活动，雌鸟和其雏鸟偶尔与其他鸟合群。

002

鸿雁
Anser cygnoid
Swan Goose

别　　名	原鹅、大雁
居留类型	冬候鸟
保护等级	国家二级重点保护野生动物
濒危等级	中国生物多样性红色名录：易危（VU） IUCN：易危（VU）

分　　布：在中亚、西伯利亚及蒙古繁殖，越冬于朝鲜半岛、中国，偶尔在日本。在中国分布除陕西、西藏、贵州、海南外，见于各省，包括台湾。

形　　态：大型雁鸭类。雌雄相似。雄鸟体形略大；喙长且上喙与头顶成直线，喙与额基之间有一条棕白色条纹（成鸟不明显）；头顶至后颈棕色，下颊和前颈近白色；背和胁为浅褐色，具白色羽缘，尾上覆羽和尾下覆羽白色。停歇时体侧深褐色具白色横纹，飞行时可见胁部浅褐色而具白色横纹。虹膜褐色，喙黑色；跗跖深橘黄色。

栖息环境：栖息于开阔平原和平原草地上的湖泊、水塘、河流、沼泽及其附近地区，特别是水生植物茂密的地方；冬季则多栖息在大的湖泊、水库、海滨、河口、海湾及其附近草地和农田。

食　　性：主要以植物性食物为食。

习　　性：成群栖息，常与其他大型雁类混群。

003

豆雁
Anser fabalis
Bean Goose

别　　名	大雁
居留类型	冬候鸟
保护等级	浙江省重点保护野生动物
濒危等级	中国生物多样性红色名录：无危（LC） IUCN：无危（LC）

分　　布：全球均有分布。繁殖于欧洲北部、西伯利亚、冰岛及格陵兰岛东部，越冬于西欧、伊朗、朝鲜、日本和中国。越冬于中国长江中下游及东南沿海，包括台湾及海南岛；迁徙时经过东北、华北、内蒙古、甘肃、青海、新疆等地区。

形　　态：大型雁鸭类。雌雄相似。通体灰褐色而具白色和黑色条纹，头及颈呈深褐色，有时喙基呈白色，腰和尾下覆羽白色，喉、胸和腹颜色较浅；飞行中较其他灰色雁类色暗而颈长。虹膜暗棕色；喙橘黄色及黑色；跗跖橘黄色。

栖息环境：栖息于开阔的草地、沼泽、水库和湖泊，也见于沿海多草海岸和农田。

食　　性：主要以植物性食物为食。

习　　性：成群活动于近湖泊的沼泽地带及稻茬地。

雁形目 ANSERIFORMES

鸭科 Anatidae

004

白额雁
Anser albifrons
Greater White-fronted Goose

别　　名	花斑
居留类型	冬候鸟
保护等级	国家二级重点保护野生动物
濒危等级	中国生物多样性红色名录：无危（LC） IUCN：无危（LC）

分　　布：广布于欧亚大陆及北美洲，繁殖于全北界的寒带苔原和冻原。在中国迁徙时见于东北至西南，越冬于长江中下游和东南沿海及台湾。

形　　态：中型雁鸭类。通常雄鸟体形稍大于雌鸟。喙粉色至橘黄色，喙基至前额的

白色条斑未延伸至上额而有别于小白额雁；通体棕褐色而具白色和黑色横斑，有些个体腹部具黑色粗条斑，尾下覆羽白色。虹膜黑褐色；跗跖橘红色。

栖息环境：栖息在开阔的湖泊、水库、河湾及其附近开阔的平原、草地、沼泽和农田。

食　　性：主要以植物性食物为食。

习　　性：冬季集大群迁徙，喜陆地觅食或休息，善于行走和奔跑，飞行时队列多成"一"字形或"人"字形。

005

小白额雁
Anser erythropus
Lesser White-fronted Goose

别　　名	弱雁
居留类型	冬候鸟
保护等级	国家二级重点保护野生动物
濒危等级	中国生物多样性红色名录：易危（VU） IUCN：易危（VU）

分　　布： 繁殖于欧亚大陆的极地苔原和冻原带，越冬于中东和东亚南部。迁徙时经过中国东北、华北、华中及华东，越冬于长江中下游及东南沿海，包括台湾。

形　　态： 中型雁鸭类。雌雄相似。成鸟通体灰褐色，头颈部偏褐色，具隐约深色纵纹，形态与白额雁非常相似，但体形较小，喙和颈较短，白色额部与头部比例更大。虹膜黑褐色，具窄的金色眼圈，下胸及上腹部有不规则的黑色斑块，跗跖黄色较白额雁色浅。

栖息环境： 冬季集群活动于开阔盐碱平原、半干旱草原、沼泽、水库、湖泊、河流、农田，多与其他大型雁鸭类特别是白额雁混群活动。

食　　性： 主要以植物性食物为食。

习　　性： 通常成群活动，喜与白额雁混群，性敏捷，善于陆上奔跑。

雁形目 ANSERIFORMES 鸭科 Anatidae

006

疣鼻天鹅
Cygnus olor
Mute Swan

别　　名	赤嘴天鹅、瘤鹄
居留类型	冬候鸟
保护等级	国家二级重点保护野生动物
濒危等级	中国生物多样性红色名录：近危（NT） IUCN：无危（LC）

分　　布：原产欧亚大陆，西欧至中亚均有分布，在较低纬度区域越冬。中国繁殖于新疆、青海、内蒙古、甘肃和四川北部的草原湖泊，迁徙时经过黄河三角洲至华东，迷鸟至台湾。

形　　态：大型白色雁鸭类。通体雪白，体形粗壮。成鸟虹膜褐色，喙橘红色，喙基、喙缘、鼻孔与喙甲黑色，跗跖黑色。雄鸟前额具明显的黑色疣状突，雌鸟似雄鸟但无疣状突或突起较小，体形也较小；游水时颈部呈优雅的"S"形，两翼常高拱；幼鸟体色较暗。

栖息环境：栖息于水草或芦苇丰富的湖泊、水塘、沼泽、河流等水域。

食　　性：主要以植物性食物为食。

习　　性：常以家庭为单位活动，偶尔混群于其他天鹅及雁鸭类当中；飞行时，翅膀拍打发出独特的敲打声。

007

小天鹅
Cygnus columbianus
Tundra Swan

别　　名	短嘴天鹅、鹄
居留类型	冬候鸟
保护等级	国家二级重点保护野生动物
濒危等级	中国生物多样性红色名录：近危（NT） IUCN：无危（LC）

分　　布： 分布于欧亚大陆和北美洲北部，在北极湿地繁殖，在欧洲大陆及美洲中部越冬。在中国长江中下游、东南沿海及台湾地区越冬，迁徙经过东北、华北地区。

形　　态： 大型雁鸭类。雌雄相似。通体白色，头较圆，颈部挺直。虹膜褐色，喙黑黄色斑块，样式多变但黄色不超过鼻孔且前缘不显尖长，基部黑色，跗跖黑色。

栖息环境： 栖息于开阔且水生植物丰富的浅水区域，冬季集群活动于水生植物丰富的湖泊、沼泽、水库及农田，有时与其他天鹅及雁鸭类混群。

食　　性： 主要以水生植物为食，也吃昆虫。

习　　性： 如其他天鹅，结群飞行时呈"V"字形。

008

翘鼻麻鸭
Tadorna tadorna
Common Shelduck

别　　名	冠鸭、花凫
居留类型	冬候鸟
保护等级	浙江省重点保护野生动物
濒危等级	中国生物多样性红色名录：无危（LC） IUCN：无危（LC）

分　　布：分布于欧亚大陆，向东从中亚一直到中国大部分地区，南至伊朗和阿富汗。在中国繁殖于东北、华北和西北，越冬于长江中下游和东南沿海地区，包括台湾。

形　　态：大型而色彩分明的鸭类。雄鸟头及上颈墨绿色具金属光泽、前额具隆起的红色疣状突，下颈白色，背部中央白色，两侧覆羽绿色，上背至胸部具粗栗色环带，下腹中央具黑褐色纹，其余体羽白色；雌鸟似雄鸟，但喙部肉瘤不如雄鸟凸显，前额有时具白色小斑点。虹膜深色；喙暗红色；跗跖红色。

栖息环境：栖息于开阔的盐碱湖泊、沼泽、河口、水库、盐田、海湾以及草场等。

食　　性：主要以水生昆虫为食，也吃植物性食物。

习　　性：常结成几十只至数百只的群体，善于陆地行走和觅食。春季多鸣叫。

009

赤麻鸭
Tadorna ferruginea
Ruddy Shelduck

别　　名	黄麻鸭
居留类型	冬候鸟
保护等级	浙江省重点保护野生动物
濒危等级	中国生物多样性红色名录：无危（LC） IUCN：无危（LC）

分　　布：分布在欧洲、中东、亚洲、非洲西北部和埃塞俄比亚。在中国除海南外，见于各省，包括台湾。

形　　态：大型鸭类。雌雄相似。雄鸟繁殖羽全身橙黄色，头部色淡，颈部具狭窄黑色颈环，腰棕色，翼上覆羽及翼下覆羽白色，翼镜铜绿色，初级飞羽及尾羽黑色；雌鸟似雄鸟但无黑色颈环。虹膜黑褐色；喙黑色；跗跖黑色。

栖息环境：栖息于江河、湖泊、河口、水塘及其附近的草原、荒地、沼泽、沙滩、农田和平原疏林等各类生境中，尤喜平原上的湖泊地带。

食　　性：主要以水生植物为食，也吃昆虫。

习　　性：筑巢于近溪流、湖泊的洞穴。多见于内地湖泊及河流，极少到沿海。

010

鸳鸯
Aix galericulata
Mandarin Duck

别　　名	官鸭、匹鸟	
居留类型	冬候鸟	
保护等级	国家二级重点保护野生动物	
濒危等级	中国生物多样性红色名录：近危（NT） IUCN：无危（LC）	

分　　布：分布于俄罗斯乌苏里兰、库页岛、朝鲜半岛、日本及中国。在中国繁殖于东北地区，越冬于西南地区、长江中下游地区以及台湾和海南。

形　　态：中型而羽色华丽的鸭类。雄鸟羽色艳丽并带有金属光泽；枕部有艳丽的冠羽，眼后具宽阔的白色眉纹，颈部具橙色丝状羽；背部浅褐色，翼折拢后有一对栗黄色扇形帆状饰羽，翼镜绿色而具白色边缘。胸部紫色，腹至尾下覆羽白色，胁部浅棕色。雌鸟灰褐色，眼圈白色，眼后有白色眼纹，翼镜同雄鸟，不具帆状饰羽，胸至两胁具暗褐色鳞状斑。幼鸟羽色似雌鸟。虹膜褐色；雄鸟喙红色，雌鸟喙灰色，跗跖近黄色。

栖息环境：繁殖期栖息在多林地的河流、湖泊、沼泽和水库中，非繁殖期成群活动于清澈河流、湖泊和水库等水域。

食　　性：食性杂，食物组成随季节和环境而变化。

习　　性：通常不潜水，常在陆上活动，喜栖息于高大的阔叶树上，在树洞中营巢。

011

赤膀鸭
Mareca strepera
Gadwal

别　名	漈凫
居留类型	冬候鸟
保护等级	浙江省重点保护野生动物
濒危等级	中国生物多样性红色名录：无危（LC） IUCN：无危（LC）

分　　布：分布于欧亚大陆及北美洲。在中国见于各省，包括台湾。

形　　态：中型鸭类。雄鸟通体棕灰色，腰和尾黑色，初级飞羽褐色，翼镜白色，覆羽栗色，胸部密布黑白色鳞状细纹，翼黑色。雌鸟通体浅褐色，似绿头鸭雌鸟，喙侧橘黄色，翼镜白色，体形较小；幼鸟羽色似雌鸟而体色较深。虹膜褐色；跗跖橘黄色。

栖息环境：栖息和活动于江河、湖泊、水库、河湾、水塘和沼泽等内陆水域中。

食　　性：主要以植物性食物和无脊椎动物为食。

习　　性：冬季多成群活动，喜欢在水生植物丰富的生境活动，偶尔也出现在海边沼泽地带，常与其他鸭类混群。

012

罗纹鸭
Mareca falcata
Falcated Duck

别　　名	扁头鸭、镰刀鸭、葭凫
居留类型	冬候鸟
保护等级	浙江省重点保护野生动物
濒危等级	中国生物多样性红色名录：近危（NT） IUCN：近危（NT）

分　　布：繁殖于西伯利亚东南部、蒙古和中国北部至千岛群岛和日本北部。在中国除甘肃、新疆外，见于各省，包括台湾。

形　　态：中型鸭类。雄鸟头顶栗色，披浓密的羽冠垂至后背，眼后黑色线，头侧、颈侧和冠羽具金属光泽，额基具白色斑点，颈白色并具窄黑色条带半环环绕；尾下覆羽褐色且具黄色三角形斑块，翼镜墨绿色；胸部密布新月状暗褐色斑。雌鸟通体棕褐色，似赤膀鸭雌鸟，但喙深色，头型偏圆，翼镜为深墨绿色。虹膜褐色；喙黑色；跗跖暗灰色。

栖息环境：栖息于江河、湖泊、河湾、河口及其沼泽地带。

食　　性：主要以水生植物为食，也吃昆虫。

习　　性：冬季常结成数百只的大群活动，繁殖期喜欢在偏僻且水生植物丰富的中小型湖泊中栖息和繁殖，常与体形相近的鸭类混群。

013

赤颈鸭
Mareca penelope
Eurasian Wigeon

别　　名	赤颈凫
居留类型	冬候鸟
保护等级	浙江省重点保护野生动物
濒危等级	中国生物多样性红色名录：无危（LC） IUCN：无危（LC）

分　　布： 分布于欧亚大陆寒带地区。越冬于欧洲南部、非洲东北部和西北部、埃及北部、中国、中南半岛及菲律宾。在中国见于各省，包括台湾。

形　　态： 中型鸭类。雄鸟头部、颈部栗红色，顶部至前额浅黄色，偶在眼后方与喉部具暗绿色带金属光泽斑点，背及腰灰色具灰色条纹，尾下覆羽黑色；初级飞羽淡褐色，翼上覆羽白色，翼镜绿色；胸部粉红色，胁部灰色且具细密的黑色纹，腹部浅皮黄色。雌鸟通体红棕色，眼周色深，下腹白色；幼鸟羽色似雌鸟。虹膜棕色；喙蓝绿色；跗跖灰色。

栖息环境： 栖息于江河、湖泊、水塘、河口、海湾、沼泽等各类水域中。

食　　性： 主要以植物性食物为食。

习　　性： 喜爱鸣叫，冬季常发出悠扬的啸声，常成群活动，也和其他鸭类混群，善游泳和潜水。

014

绿头鸭
Anas platyrhynchos
Mallard

别　　名	沉凫、野鸭
居留类型	冬候鸟
保护等级	浙江省重点保护野生动物
濒危等级	中国生物多样性红色名录：无危（LC） IUCN：无危（LC）

分　　布：分布于欧亚、北美及澳洲。在中国见于各省，包括台湾。

形　　态：大型鸭类。雄鸟头颈深绿色具金属光泽且颈基部有一白环，翼镜蓝紫色、

尾羽白色，尾上下覆羽黑色；胸部棕色，其余体羽灰白色。雌鸟通体黄褐色而有斑驳褐色条纹，有深褐色贯眼纹，上背和两胁具鳞状斑，翼镜蓝紫色。幼鸟羽色似雌鸟。虹膜褐色；喙黄色；跗跖橘黄色。

栖息环境：栖息于湿地，但通常避开水流湍急、营养贫瘠、地势低洼、无隐蔽性、高低不平、多岩石的水域以及坚硬无植被的区域。

食　　性：食性杂，食物组成随季节和环境而变化。

习　　性：性好动，除繁殖期外常成群活动，尤以迁徙和越冬期间为甚。

015

斑嘴鸭
Anas zonorhyncha
Eastern Spot-billed Duck

别　　名	稗鸭	
居留类型	冬候鸟	
保护等级	浙江省重点保护野生动物	
濒危等级	中国生物多样性红色名录：无危（LC） IUCN：无危（LC）	

分　　布：主要繁殖于俄罗斯西北部至远东地带，向南可到蒙古和中国青海、四川，向东可到朝鲜、萨哈林岛、千岛群岛和日本。在中国见于各省，包括台湾。

形　　态：大型鸭类。雌雄相似。头顶由额至头部后侧呈黑色，雌鸟具更多条纹，头和前颈色浅而具深色贯眼纹和下颊纹，颊部近白色，其上具细小点斑与条纹，喉部淡黄色；上背和两胁有深褐色粗鳞状斑，下背近黑色，翼镜蓝紫色。虹膜褐色；喙黑色而端黄；跗跖珊瑚红色。

栖息环境：栖息在内陆各类大小湖泊、水库、江河、水塘、河口、沙洲和沼泽地带。

食　　性：食性杂，食物组成随季节和环境而变化。

习　　性：除繁殖期外，常成群活动，也和其他鸭类混群。善游泳和行走。

016

针尾鸭
Anas acuta
Northern Pintail

别　　名	尖尾鸭、长尾凫
居留类型	冬候鸟
保护等级	浙江省重点保护野生动物
濒危等级	中国生物多样性红色名录：无危（LC） IUCN：无危（LC）

分　　布：繁殖于欧洲、亚洲和北美洲北部，越冬于南欧、北非、中东、南亚、东亚、东南亚以及北美洲中部。在中国见于各省，包括台湾。

形　　态：大型鸭类。雄鸟繁殖羽头至后颈棕褐色，前颈白色，胸、背、肩、两胁灰白色具扇贝形纹，翼镜绿色，上缘浅棕色，尾羽灰色，中央尾羽一对特别长，尾下覆羽黑色，下腹近臀部白色。雌鸟棕褐色而具鳞状斑，喉和前颈颜色较均一，翼镜褐色，较其他鸭类颈部更细长且尾羽较尖；幼鸟羽色似雌鸟。虹膜褐色；喙蓝灰色；跗跖灰色。

栖息环境：栖息于河流、湖泊、沼泽、盐碱湿地、水塘以及开阔的沿海地带和海湾等生境中。

食　　性：食性杂，食物组成随季节和环境而变化。

习　　性：冬季常集大群觅食，与其他鸭类混群。

017

绿翅鸭
Anas crecca
Green-winged Teal

别　　名	小凫、小水鸭、巴鸭
居留类型	冬候鸟
保护等级	浙江省重点保护野生动物
濒危等级	中国生物多样性红色名录：无危（LC） IUCN：无危（LC）

分　　布：主要繁殖于俄罗斯西北部至远东地带，向南可到蒙古和中国青海、四川，向东可到朝鲜、萨哈林岛、千岛群岛和日本。在中国见于各省，包括台湾。

形　　态：小型鸭类。雄鸟繁殖羽头至颈红棕色，眼部至颈部具绿色眼罩，上背、肩至胁部具黑白色鳞状细纹，翼收拢时可见白色羽毛，翼镜墨绿色具浅棕色上缘，尾下覆羽黑色呈三角形具黄色斑块，其余体羽灰褐色，胸部奶黄色夹杂黑色斑点。雌鸟通体棕褐色，头部颜色较浅并具深色贯眼纹，翼镜墨绿色。虹膜褐色；喙灰黑色；跗跖黑褐色。

栖息环境：栖息在内陆各类大小湖泊、水库、江河、水塘、河口、沙洲、沼泽和滨海地带。

食　　性：食性杂，食物组成随季节和环境而变化。

习　　性：除繁殖期外，常成群活动，也和其他鸭类混群。善游泳和行走。

018

琶嘴鸭
Spatula clypeata
Northern Shoveler

别　　名	琵琶鸭
居留类型	冬候鸟
保护等级	浙江省重点保护野生动物
濒危等级	中国生物多样性红色名录：无危（LC） IUCN：无危（LC）

分　　布：繁殖于欧亚大陆及北美洲，越冬于南亚、东南亚、非洲北部以及中美洲。在中国见于各省，包括台湾。

形　　态：中型鸭类。雌雄均有大而长宽的喙，区别于其他鸭类。雄鸟繁殖羽头深绿色，虹膜黄色，喙黑色；颈下部及上胸白色，背黑色，翼上覆羽具大块蓝灰色斑，翼镜绿色，上缘白色；尾白色，尾上

下覆羽黑色。雄鸟非繁殖羽似雌鸟，但喙仍黑色。雌鸟通体棕褐色而具鳞状斑，虹膜褐色，贯眼纹深色，喙褐色，翼镜绿色。幼鸟羽色似雌鸟。跗跖橘黄色。

栖息环境：栖息于开阔地区的河流、湖泊、水塘、沼泽等水域环境中，也出现于山区河流、高原湖泊、小水塘和沿海沼泽及河口地带。

食　　性：主要以小型水生无脊椎动物为食。

习　　性：高度迁徙性，南迁至低纬度地带越冬，在非洲的分布可跨越赤道到南半球地区。

019

白眉鸭
Spatula querquedula
Garganey

别　　名	巡凫
居留类型	旅鸟
保护等级	浙江省重点保护野生动物
濒危等级	中国生物多样性红色名录：无危（LC） IUCN：无危（LC）

分　　布：繁殖于古北地区，主要在北纬42°～65°之间。越冬于非洲、印度和东南亚至新几内亚。在中国见于各省，包括台湾。

形　　态：中型鸭类。雄鸟繁殖羽头、上背和胸棕褐色，脸部具宽阔而长的白色眉纹，两胁灰白色具暗淡的细纹，翼上覆羽具黑、白、青灰三色饰羽。雌鸟通体以黄褐色调为主，头顶至后颈黑褐色具棕色细纹，眉纹棕白色，贯眼纹黑色；上背和两胁具鳞状斑，翼镜绿色，胸、腹部至尾下均为白色。虹膜榛栗色；喙黑色；跗跖蓝灰色。

栖息环境：栖息于开阔的湖泊、江河、沼泽、河口、池塘、沙洲等水域中，也出现于山区水塘、河流。

食　　性：主要以水生植物为食，也吃昆虫。

习　　性：性胆怯而机警，常成对或小群活动，迁徙和越冬期间常集群，喜在有水草隐蔽处活动和觅食。

020

红头潜鸭
Aythya ferina
Common Pochard

别　　名	红头鸭
居留类型	冬候鸟
保护等级	浙江省重点保护野生动物
濒危等级	中国生物多样性红色名录：无危（LC） IUCN：易危（VU）

分　　布： 繁殖于西欧至东亚的欧亚大陆的中高纬度地区，越冬于北非、南亚、东亚南部至日本。在中国除海南外，见于各省，包括台湾。

形　　态： 中型鸭类。雄鸟繁殖羽头、颈栗红色，虹膜红色，喙深灰色，喙甲黑色；胸、上背及尾上覆羽黑色，翼、两胁及下腹灰色；雌鸟头、颈至胸棕褐色，虹膜褐色，贯眼纹、喉、眼先及颊为浅灰色，喙深灰色；背灰褐色，两胁及下体灰色。幼鸟似雌鸟，但背部、腹部为浅棕色。跗跖灰色。

栖息环境： 栖息于水生植物茂密的河流、沼泽、水塘和湖泊。

食　　性： 主要以水生植物为食，也吃无脊椎动物。

习　　性： 性胆怯而机警，善于潜水。常通过潜水取食或逃离敌人，冬季集大群活动，常与其他潜鸭混群。

021

白眼潜鸭
Aythya nyroca
Ferruginous Duck

别　　名	白眼凫
居留类型	冬候鸟
保护等级	浙江省重点保护野生动物
濒危等级	中国生物多样性红色名录：近危（NT） IUCN：近危（NT）

分　　布： 繁殖于欧洲中南部、地中海、中亚，越冬于北非、南亚北部以及东南亚北部。在中国繁殖于东北、西藏，越冬于长江中下游及东南沿海，包括台湾。

形　　态： 中型鸭类。雄鸟通体棕褐色，头部、胸部亮棕色具金属光泽，虹膜白色极为显著，颈基部有不明显的黑褐色领环；背部黑褐色，翼镜、尾下覆羽白色；雌鸟头部棕色，虹膜褐色，下体棕色较浅，无光泽。喙蓝灰色；跗跖灰色。

栖息环境： 繁殖期栖息于开阔而水生植物丰富的淡水湖泊、沼泽和水塘等水域，冬季多活动于河流、湖泊、水库、池塘等水域。

食　　性： 主要以水生植物为食，也吃无脊椎动物。

习　　性： 典型的淡水潜鸭，极善潜水，但在水下停留时间不长；性胆小而机警，常成对或成小群活动，见于与其他潜鸭混群。

雁形目 ANSERIFORMES
鸭科 Anatidae

022

凤头潜鸭
Aythya fuligula
Tufted Duck

别　　名	凤头鸭子、泽凫
居留类型	冬候鸟
保护等级	浙江省重点保护野生动物
濒危等级	中国生物多样性红色名录：无危（LC） IUCN：无危（LC）

分　　布： 繁殖于欧亚大陆北部，越冬于非洲、欧亚大陆中南部、中东、朝鲜半岛、亚洲东南部。在中国见于各省，包括台湾。

形　　态： 中型鸭类。雄鸟繁殖羽头、颈黑色而泛紫色光泽具长羽冠，金黄色的虹膜极为显著，除腹、两胁及翼镜为白色外，全身羽毛均为黑色；雌鸟通体暗褐色，头色略深但无光泽，具羽冠但较雄鸟为短，下腹色浅，两胁有时略带白色，有些个体喙基具小块白斑；幼鸟羽色似雌鸟，整体浅褐色，羽冠不明显。喙及跗跖灰色。

栖息环境： 栖息于湖泊、河流、水库、池塘、沼泽、河口等生境；繁殖期则多选择在富有岸边植物的开阔湖泊与河流地区。

食　　性： 主要以水生植物为食，也吃无脊椎动物。

习　　性： 性喜成群，特别是迁徙期间和越冬期间常集大群。善游泳和潜水。

023

斑头秋沙鸭
Mergellus albellus
Smew

别　　名	白秋沙鸭
居留类型	冬候鸟
保护等级	国家二级重点保护野生动物
濒危等级	中国生物多样性红色名录：无危（LC） IUCN：无危（LC）

分　　布：繁殖于欧亚大陆北部。越冬于欧洲西部与中部地区、地中海东部盆地、黑海、俄罗斯南部、中东、中国东部、韩国与日本。在中国除海南外，见于各省，包括台湾。

形　　态：中型鸭类。喙小，额倾角较大，稍带羽冠。雄鸟繁殖羽体白，脸部具黑色眼罩、枕纹、上背、初级飞羽及胸侧的狭窄条纹为黑色。体侧具灰色蠕虫状细纹。雌鸟及雄鸟非繁殖羽眼周近黑色，额、顶及枕部栗色，上体灰色具两道白色翼斑，下体白色；与普通秋沙鸭的区别在于喉白色。虹膜褐色；喙近黑色；跗跖灰色。

栖息环境：栖息于森林或森林附近的湖泊、河流、水塘等水域中，但更喜欢低地河岸森林。非繁殖期则喜欢栖息在湖泊、江河、水塘、水库、河口、海湾和沿海涠泽地带。

食　　性：主要以小型水生无脊椎动物为食。

习　　性：除繁殖期外常成群活动，特别是迁徙季节和冬季；一般喜欢在平静的湖上活动，善游泳和潜水，几乎整天都在湖面活动。

024

鹊鸭
Bucephala clangula
Common Goldeneye

别　　名	金眼鸭、金眼凫
居留类型	冬候鸟
保护等级	浙江省重点保护野生动物
濒危等级	中国生物多样性红色名录：无危（LC） IUCN：无危（LC）

分　　布： 繁殖于全北界中北部，越冬于全北界南部。在中国除海南外，见于各省，包括台湾。

形　　态： 中型鸭类。头圆而尖耸，眼金黄色。雄鸟繁殖羽头墨绿色具金属光泽，喙基具大块椭圆形白斑，上背黑色，翼上覆羽具大块白斑，下颈、胸及下体白色。雌鸟头暗褐色，颈下部白色形成环状，上背、胸和两胁灰褐色。喙近黑色；跗跖黄色。

栖息环境： 栖息于淡水湖泊、池塘、河流、沿海潟湖、河口、海港与近岸海域，不结冰的内陆湖、水库及河流。

食　　性： 主要以小型水生无脊椎动物为食。

习　　性： 喜在湖泊、沿海水域结群，偶见于与其他鸭类混群。

025

小鹩䴘
Tachybaptus ruficollis
Little Grebe

别　　名	刁鸭、水葫芦
居留类型	留鸟
保护等级	浙江省一般保护动物
濒危等级	中国生物多样性红色名录：无危（LC） IUCN：无危（LC）

分　　布： 广布于欧亚大陆和非洲。在中国分布广，多为留鸟，北方部分地区为夏候鸟。

形　　态： 小型鹩䴘类。雌雄相似，体形肥胖而扁平，尾部绒羽常显蓬松。繁殖羽头至颈背黑褐色，脸部至前颈栗红色，喙基具显眼的黄白色斑块；胸黑褐色，胁至腹部褐色逐渐变浅。非繁殖羽色浅，褪去栗红色和黑褐色，整体转为浅褐色，头和背部色略深，其余部位浅褐色或皮黄色。虹膜黄色；喙黑色；跗跖蓝灰色，趾尖浅色。

栖息环境： 栖息活动于各种湿地，也出现在有植被覆盖的湖滨或水库边。

食　　性： 主要以昆虫、鱼类为食。

习　　性： 性胆怯，遇敌多隐藏于茂密水草中或潜入水中；多单独或成对活动，有时聚成小群。

026

凤头鸊鷉
Podiceps cristatus
Great Crested Grebe

别　　名	浪里白
居留类型	冬候鸟
保护等级	浙江省重点保护野生动物
濒危等级	中国生物多样性红色名录：无危（LC） IUCN：无危（LC）

分　　布：广布于欧洲、亚洲、非洲和大洋洲，部分为留鸟，部分繁殖于欧亚大陆，越冬于大洋洲、非洲及欧亚大陆南部。在中国见于各省，包括台湾。

形　　态：大型鸊鷉类。雌雄相似。喙长而尖，从喙基至眼有一黑线；颈细长且直，与水面常呈垂直姿势；繁殖羽头部具显著的黑褐色羽冠，脸、眼先及颏白色，脸侧至上颈由栗红色转黑褐色的饰羽；颈较其他鸊鷉长，背部黑褐色，体侧棕褐色，前颈至胸及腹部白色；非繁殖羽色浅，通体转灰白色，脸部变为白色或皮黄色，黑褐色的羽冠依然可见。虹膜近红色；喙黄色，下颌基部带红色，喙峰近黑；跗跖近黑色。

栖息环境：栖息于低山和平原地带的江河、湖泊、池塘等各种水域中，特别在有浓密的芦苇和水草的湖沼中。

食　　性：主要以鱼类为食，也吃小型无脊椎动物。

习　　性：常成对和成小群活动在开阔的水面。善游泳和潜水，游泳时颈向上伸直，和水面保持垂直姿势。

027

山斑鸠
Streptopelia orientalis
Oriental Turtle Dove

别　　名	斑鸠
居留类型	留鸟
保护等级	浙江省一般保护动物
濒危等级	中国生物多样性红色名录：无危（LC） IUCN：无危（LC）

分　　布：分布于西伯利亚地区、亚洲中部、南部和东部。在中国分布广，为常见留鸟。

形　　态：中型鸠鸽类。雌雄相似。头、颈、胸粉褐色，颈侧具数道黑白相间横斑；覆羽具深色扇贝斑纹，羽缘棕色；腰和尾上覆羽具不明显的灰褐色羽缘；腰灰，尾羽近黑，中央尾羽羽端具狭窄的灰白色端斑；虹膜黄色；喙灰色；跗跖粉红色。

栖息环境：栖息于低山丘陵、平原和山地阔叶林、混交林、次生林、果园、农田、耕地以及宅旁竹林和树上。

食　　性：主要以植物性食物为食，也吃昆虫。

习　　性：常成对或成小群活动，在地面活动时十分活跃，常小步迅速前进，边走边觅食，头前后摆动。

028

珠颈斑鸠
Streptopelia chinensis
Spotted Dove

别　　名	珍珠鸠
居留类型	留鸟
保护等级	浙江省一般保护动物
濒危等级	中国生物多样性红色名录：无危（LC） IUCN：无危（LC）

分　　布：原产印度，主要分布于亚洲东部及南部，已被引入世界各地。在中国广布于华北及其以南，包括海南及台湾。

形　　态：中型鸠鸽类。雌雄相似。头、颈以粉红色为主，前额至头顶羽色稍淡；颈侧及后颈有宽阔的黑色领环，具显著的细小白色斑点（幼鸟点斑不清晰或无点斑）；尾略显长，外侧尾羽前端的白色甚宽。虹膜橘黄色；喙黑色；跗跖红色。

栖息环境：栖息于有稀疏树木生长的平原、草地、低山丘陵和农田地带，也常出现于村庄或住家附近。

食　　性：主要以植物性食物为食，也吃昆虫。

习　　性：常成小群活动，有时也与其他斑鸠混群活动。

029

普通夜鹰
Caprimulgus indicus
Grey Nightjar

别　　名	鬼鸟
居留类型	夏候鸟
保护等级	浙江省一般保护动物
濒危等级	中国生物多样性红色名录：无危（LC） IUCN：无危（LC）

分　　布：分布于东亚地区。在中国亚种*C. i. hazarae*分布于西藏东南部、云南西北部，留鸟；亚种*C. i. jotaka*分布于除新疆、青海外，见于各省。

形　　态：中型夜鹰类。整体羽色偏灰色。雄鸟头顶至上体灰褐色，密布黑褐色与灰白色虫蠹状斑纹；脸颊棕褐色，颊纹白色，下喉具白斑；两翼黑褐色具锈红色斑纹；尾上覆羽和尾羽近黑色且有灰色横纹；胸部灰黑色，下体灰褐色，均密布细纹；雌鸟整体颜色偏棕黄色，颊部和喉部斑块皮黄色，飞羽斑点淡黄色，尾羽无白斑。虹膜褐色；喙偏黑色；跗跖巧克力色。

栖息环境：栖息于海拔3000米以下的阔叶林和针阔叶混交林；也出现于针叶林、林缘疏林、灌丛和农田地区竹林和丛林内。

食　　性：主要以昆虫为食。

习　　性：通常单独或成对活动，夜行性；飞行快速而无声。

030

白腰雨燕
Apus pacificus
Fork-tailed Swift

别　　名	叉尾雨燕
居留类型	夏候鸟
保护等级	浙江省一般保护动物
濒危等级	中国生物多样性红色名录：无危（LC） IUCN：无危（LC）

分　　布： 繁殖于西伯利亚南部、东南部、日本、韩国、中国东部以及菲律宾最北部。在中国亚种*A. p. pacificus*分布于中国北方及华东、华南地区；*A. p. kanoi*分布于西北地区东部、西南、华中、华东及华南地区。

形　　态： 中型雨燕类。雌雄相似。通体深褐色，体形较细长，颏、喉部色浅，尾羽深叉；胸及腹部羽缘白色具鱼鳞状斑驳，腰部白色，马鞍形斑较窄。虹膜深褐色；喙黑色；跗跖偏紫色。

栖息环境： 栖息于陡峻的山坡、悬岩，尤其是靠近河流、水库等水源附近的悬岩峭壁。

食　　性： 主要以昆虫为食。

习　　性： 习性似普通雨燕，常集大群活动，有时与普通雨燕混群。

031

小白腰雨燕
Apus nipalensis
House Swift

别　　名	小雨燕、山燕
居留类型	夏候鸟
保护等级	浙江省一般保护动物
濒危等级	中国生物多样性红色名录：无危（LC） IUCN：无危（LC）

分　　布：国外见于非洲、中东、印度、喜马拉雅山脉、日本、韩国南部及东南亚地区。在中国亚种*A. n. kuntzi*分布于台湾，亚种*A. n. subfurcatus*分布于长江流域及以南地区，迁徙种群不常见于华东。

形　　态：中型雨燕类。雌雄相似。通体黑褐色，喉部白色，尾为凹型非叉型，腰部白色。与白腰雨燕区别于体小、色彩较深、腹部无鱼鳞状斑且尾叉不深。虹膜深褐色；喙黑色；跗跖黑褐色。

栖息环境：栖息于开阔的林区、城镇、悬岩和岩石海岛等各类生境中。岩壁、洞穴以及城镇均可见。

食　　性：主要以昆虫为食。

习　　性：成群栖息和活动，有时也与家燕混群飞翔于空中；飞翔快速；常在傍晚至午夜和清晨会发出比较尖的鸣叫声。

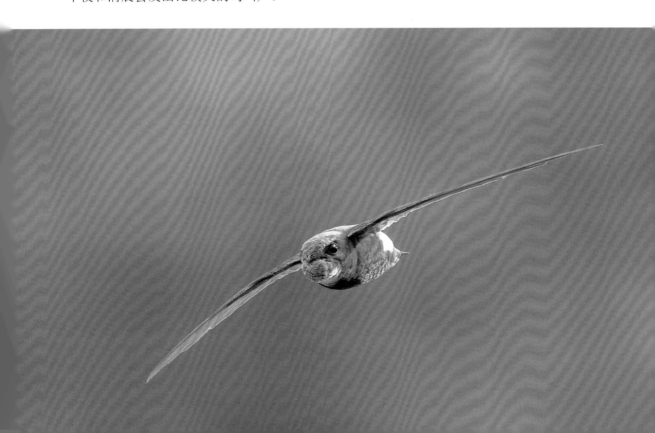

鹃形目 CUCULIFORMES
杜鹃科 Cuculidae

032

褐翅鸦鹃
Centropus sinensis
Greater Coucal

别　　名	大毛鸡、红毛鸡
居留类型	留鸟
保护等级	国家二级重点保护野生动物
濒危等级	中国生物多样性红色名录：无危（LC） IUCN：无危（LC）

分　　布：东洋界广布。在中国分布于包括海南在内的西南至东南地区，为常见留鸟。

形　　态：大型杜鹃类。雌雄相似，雌鸟体形稍大。成鸟头、颈、胸和腹部黑色具蓝紫色光泽，背和两翼覆羽栗红色，长而宽的黑色尾羽。幼鸟虹膜色淡，头、颈、胸和腹部黑褐色，两翼覆羽暗褐色，尾羽色深具白色横纹。虹膜红色；喙黑色；跗跖黑色。

栖息环境：广泛分布，除茂密的原始森林。

食　　性：食性杂，食物组成随季节和环境而变化。

习　　性：习性较为隐秘，常单独或成对穿行于草丛中，飞行能力不强。

033

小鸦鹃
Centropus bengalensis
Lesser Coucal

别　　名	番鹃、小毛鸡
居留类型	留鸟
保护等级	国家二级重点保护野生动物
濒危等级	中国生物多样性红色名录：无危（LC） IUCN：无危（LC）

分　　布：广泛分布于东洋界。在中国分布于西南、东南和华东地区，以及海南和台湾，为常见的留鸟。

形　　态：大型杜鹃类。雌雄相似，雌鸟体形稍大。成鸟繁殖羽头、颈、胸和腹部黑色具近白色羽干形成细纵纹；背和两翼覆羽栗色，翼覆羽具淡色纵纹；尾羽黑色，内侧尾羽具模糊的横斑；非繁殖羽喙色变淡，上体褐色，淡色羽干具放射状纵纹；胸和腹部皮黄色，胁部和尾羽基部具黑色横纹。虹膜红色；喙黑色；跗跖黑色。

栖息环境：栖息于高草地、芦苇丛、灌丛、次生林、湿地和栽培地。

食　　性：主要以昆虫为食，也吃植物性食物。

习　　性：习性较为隐秘，常单独或成对在植被中穿行，偶尔停栖至高草或矮树顶端。

034

大鹰鹃
Hierococcyx sparverioides
Large Hawk Cuckoo

别　　名	鹰鹃
居留类型	夏候鸟
保护等级	浙江省重点保护野生动物
濒危等级	中国生物多样性红色名录：无危（LC） IUCN：无危（LC）

分　　布：分布于喜马拉雅山脉、中国南方和东南亚。在中国分布于西藏、云南、四川、黄河以北地区及长江中下游以南地区，包括台湾。

形　　态：大型杜鹃类。雌雄相似。成鸟眼圈黄色，头顶至后颈灰色，背部灰褐色，喉部具灰褐色纵纹，飞羽具淡色横带，尾羽深灰色具有黑褐色横纹和淡色端斑。上胸锈红色具黑色纵纹，腹部和两胁具褐色横纹。幼鸟前额灰色，上体和两翼覆羽棕褐色并具暗色横纹，下体近白色具明显近黑色纵斑。虹膜橘黄色；上喙黑色，下喙黄绿色；跗跖浅黄色。

栖息环境：栖息于中低海拔落叶林和常绿阔叶林，也常见于开阔森林、种植园、次生林、红树林、湿地等生境。

食　　性：主要以昆虫为食。

习　　性：迁徙和越冬时也会在地面上觅食。巢寄生，将卵产在噪鹛等多种雀形目鸟类巢中，经常长时间静立于树冠中。

035

普通秧鸡
Rallus indicus
Brown-cheeked Rail

别　　名	东亚秧鸡
居留类型	冬候鸟
保护等级	浙江省一般保护动物
濒危等级	中国生物多样性红色名录：无危（LC） IUCN：无危（LC）

分　　布：分布于欧亚大陆东部地区，越冬于东南亚、南亚等地。在中国分布除新疆、西藏、海南外，见于各省，包括台湾。

形　　态：中型秧鸡类。雌雄相似。成鸟头顶至后颈棕褐色，颊部多灰色，具一道棕褐色贯眼纹；背部、两翼覆羽棕褐色具黑色横斑；尾羽棕褐色。颈、胸和腹部灰色具淡褐色斑纹；两胁、下腹部蓝灰褐色具黑白色横斑。虹膜红色；喙红色至黑色；跗跖橙红色。

栖息环境：栖息于水田及芦苇沼泽等生境，有时也见于沿海地区的湿地中。

食　　性：食性杂，食物组成随季节和环境而变化。

习　　性：性胆怯，常单独行动，见人迅速逃匿；在迁徙和越冬时，行动轻快敏捷，能在茂密的草丛中快速奔跑。

鹤形目 GRUIFORMES 秧鸡科 Rallidae

036

红脚田鸡
Zapornia akool
Brown Crake

别　　名	红脚苦恶鸟
居留类型	留鸟
保护等级	浙江省一般保护动物
濒危等级	中国生物多样性红色名录：无危（LC） IUCN：无危（LC）

分　　布：分布于南亚及东南亚等地区。在中国分布于西南、华中、华南和华东地区。

形　　态：中型秧鸡类。雌雄相似。成鸟头顶至后颈橄榄褐色，颊深灰色；颏、喉、前颈、胸及腹部深灰色；背部、两翼覆羽、尾羽橄榄褐色。虹膜红色；喙黄绿色；跗跖洋红色。

栖息环境：栖息于平原和低山丘陵地带的沼泽草地，尤喜富有水生植物的溪流、水塘、稻田等地带。

食　　性：食性杂，食物组成随季节和环境而变化。

习　　性：多在晨昏活动，常在水生植物富集区觅食或岸边行走。

037

白胸苦恶鸟
Amaurornis phoenicurus
White-breasted Waterhen

别　　名	白脸秧鸡、白胸秧鸡
居留类型	夏候鸟
保护等级	浙江省一般保护动物
濒危等级	中国生物多样性红色名录：无危（LC） IUCN：无危（LC）

分　　布：广泛分布于东亚、东南亚、南亚及西亚等地区。在中国分布于西南、华中、华东、华南地区，西北、华北和东北部地区也有分布，包括海南和台湾。

形　　态：大型秧鸡类。雌雄相似。成鸟前额白色，头顶至后颈近黑色，颊白色；颏、喉、颈、胸及腹部白色，背部、两翼覆羽近黑色；尾下覆羽栗红色，尾羽近黑色，两胁略带黑色。虹膜红色；喙偏绿色，喙基红色；跗跖黄色。

栖息环境：栖息于沼泽、溪流、水塘、稻田、林缘、灌木丛等地带，常见于人类居住地附近。

食　　性：食性杂，食物组成随季节和环境而变化。

习　　性：多在晨昏活动，善行走。

秩鸡科 Rallidae

鹤形目 GRUIFORMES

038

黑水鸡
Gallinula chloropus
Common Moorhen

别　　名	红骨顶
居留类型	留鸟
保护等级	浙江省一般保护动物
濒危等级	中国生物多样性红色名录：无危（LC） IUCN：无危（LC）

分　　布：分布于除大洋洲以外的世界各地。在中国分布于东北、西北、华北等地区为常见夏候鸟，于华南、华东、西南等地区为常见留鸟。

形　　态：中型秧鸡类。雌雄相似。成鸟通体黑色，喙部及额部甲板红色，喙端具明显的黄色；两胁具白色细纹，尾下覆羽中部黑色，两侧白色。虹膜红色；喙暗绿色，喙基红色；跗跖绿色。

栖息环境：栖息于富有水生挺水植物的沼泽、湖泊、水库、水塘、苇塘、稻田等地带。

食　　性：主要以水生植物为食，也吃无脊椎动物。

习　　性：常成对或成小群活动，善游泳和潜水，频频游泳和潜水于临近芦苇和水草边的开阔深水面上。

039

白骨顶
Fulica atra
Common Coot

别　　名	骨顶鸡
居留类型	冬候鸟
保护等级	浙江省一般保护动物
濒危等级	中国生物多样性红色名录：无危（LC） IUCN：无危（LC）

分　　布：分布于欧洲、非洲北部、东亚、南亚、东南亚及澳大利亚等地区。在中国见于各省，包括台湾。

形　　态：大型秧鸡类。雌雄相似。成鸟通体黑色，喙及额部甲板白色；跗跖具波形瓣状蹼；次级飞羽具白色羽端，在黑色的两翼形成显著翼斑，飞行时明显可见。虹膜红色；跗跖灰绿色。

栖息环境：栖息于各类湖泊、水库、水塘、苇塘、沼泽、洪泛区、农田等地带。

食　　性：主要以水生植物为食，也吃鱼类和无脊椎动物。

习　　性：常集群活动，善游泳和潜水。

蛎鹬
Haematopus ostralegus
Eurasian Oystercatcher

别　　名	蛎鸻
居留类型	冬候鸟
保护等级	浙江省一般保护动物
濒危等级	中国生物多样性红色名录：无危（LC） IUCN：近危（NT）

分　　布：广布于欧亚大陆以及非洲等地。在中国分布于东北、华北、华南、西北、东部沿海等地，包括台湾。

形　　态：大型而粗壮的鸻鹬类。雌雄相似，体羽主要为黑白两色，头、颈、胸和整个上体黑色，胸以下白色。喙橙红色，长直而粗壮；翼上覆羽全黑色而富有光泽；飞翔时明显可见黑色翅上（初级飞羽和次级飞羽）的宽阔白斑，白色的腰和黑色的尾，黑白分明，极为醒目；冬羽和幼鸟喉部有白色半领环。虹膜红色；喙橙红色；跗跖短粗而呈粉色。

栖息环境：繁殖期主要栖息于盐沼，沙滩和瓦砾海滩上，也在宽阔的水中岛屿、湖泊、水库边缘草地上和农业土地上营巢繁殖。非繁殖期主常喜欢聚集在沿海海岸、河口、沙洲、岛屿与江河地带。

食　　性：主要以软体动物为食，也吃鱼类。

习　　性：常单独或成小群活动，会发出洪亮的叫声。

041

黑翅长脚鹬
Himantopus himantopus
Black-winged Stilt

别　　名	长脚鹬
居留类型	旅鸟
保护等级	浙江省一般保护动物
濒危等级	中国生物多样性红色名录：无危（LC） IUCN：无危（LC）

分　　布：分布于东南亚、南亚、东亚等地。在中国见于各省，包括台湾。

形　　态：中型鸻鹬类。身形高挑修长，红色的腿长而显眼，喙细似针状，通体黑白色。雄鸟繁殖羽额白色，虹膜暗红色，头顶及后颈黑色，带有墨绿色金属光泽，与后颈黑色并不相连，腹白色，尾白色具灰色横斑。雌鸟似雄鸟，但背面为黑褐色，两翼覆羽为黑色。幼鸟背部多棕褐色，羽缘浅色；飞行时白腰明显，尾羽灰褐色。有些个体在眼上方有部分灰黑色，有些头全白色，个体差异较大。虹膜粉红色；喙黑色。

栖息环境：栖息于河流两岸的砾石滩和沙滩上或者近海盐田、鱼塘、沼泽、河口，有时也会涉水到齐腹深的水中。

食　　性：主要以水生动物为食，包括鱼类。

习　　性：常单独或成群活动。白天以站立休息为主，觅食主要在清晨、黄昏或退潮时间段。

042

反嘴鹬
Recurvirostra avosetta
Pied Avocet

别　　名	反嘴鸻、反嘴长脚鹬
居留类型	冬候鸟
保护等级	浙江省一般保护动物
濒危等级	中国生物多样性红色名录：无危（LC） IUCN：无危（LC）

分　　布：分布于欧亚大陆及非洲。在中国除海南外，见于各省，包括台湾。

形　　态：较大型鸻鹬类。高大而优雅，长而细的喙在近端部上翘极为独特。雌雄相似。全身白色，仅头顶到后颈、背部两侧、肩部及初级飞羽为黑色。幼鸟羽色与成鸟相似，但黑色部分偏褐色，尤其上背和两翼为斑驳的褐色。飞行时铅灰色的长腿伸至尾后。虹膜褐色；喙黑色；跗跖黑色。

栖息环境：栖息繁殖于平原或半荒漠地区的湖泊、水塘和沼泽地带，越冬时也栖息于海边水塘、盐碱沼泽地。

食　　性：主要以水生无脊椎动物为食。

习　　性：常在浅水区结群觅食，觅食动作非常引人注目，上翘的长嘴在浅水表层左右交替地迅速扫掠取食。

043

凤头麦鸡
Vanellus vanellus
Northern Lapwing

别　　名	小辫鸻
居留类型	冬候鸟
保护等级	浙江省一般保护动物
濒危等级	中国生物多样性红色名录：无危（LC） IUCN：近危（NT）

分　　布：广布于欧亚大陆及北非。在中国见于各省，包括台湾。

形　　态：中型鸻鹬类。整体颜色亮丽，雌雄相似。反曲形的黑色羽冠，犹如上翘的"小辫子"特征明显；成鸟额、头顶、脸、颏、喉及前颈黑色，眼先、眼后、脸颊、腹部至两胁为白色，尾下覆羽暗橙色或浅黄色；背及两翼覆羽黑绿色具金属光泽；胸部具明显黑色斑块；飞行时翼端较圆。虹膜褐色；喙近黑色；跗跖橙褐色。

栖息环境：栖息于低山丘陵、山脚平原和草原地带的湖泊、水塘、沼泽、溪流和农田地带。

食　　性：主要以小型无脊椎动物为食，也吃植物性食物。

习　　性：越冬时常集群于草地和耕地，飞行时振翅缓慢，成群时队形不规则。

鸻形目 CHARADRIIFORMES 鸻科 Charadriidae

044

金鸻
Pluvialis fulva
Pacific Golden Plover

别　　名	金斑鸻
居留类型	旅鸟
保护等级	浙江省一般保护动物
濒危等级	中国生物多样性红色名录：无危（LC） IUCN：无危（LC）

分　　布：繁殖于亚洲中部至东部的极高纬度地区，主要在亚洲南部至大洋洲越冬。在中国分布于各省，包括台湾。

形　　态：中型鸻鹬类。雌雄相似。喙细小、颈长而头小，轮廓较纤细而高挑,季节体色差异明显。具有不同的繁殖和非繁殖羽。成鸟繁殖羽，头顶、后颈、背为黑色带金色斑点，尾羽黑褐色具灰白色的横带；脸和下体黑色，白色从前额、眉纹至颈侧逐渐延伸到两胁和下腹，两胁有黑色的扇形斑。成鸟非繁殖羽和幼鸟体羽较为黯淡，但喉、前颈、胸、腹沾有暖黄色或金黄色色调；飞行时腿略伸出于尾后。虹膜褐色；喙黑色；跗跖灰色。

栖息环境：栖息于沿海滩涂、水塘，有时也栖息于沼泽、草地、农田等生境。

食　　性：主要以甲壳类、软体动物、昆虫、鱼类为食。

习　　性：经常在活动或栖息时用单腿站立。

045

灰鸻
Pluvialis squatarola
Grey Plover

别　　名	灰斑鸻
居留类型	冬候鸟
保护等级	浙江省一般保护动物
濒危等级	中国生物多样性红色名录：无危（LC） IUCN：无危（LC）

分　　布： 繁殖于北极地区，在各大洲沿海越冬。在中国见于各省，包括台湾。

形　　态： 中型鸻鹬类。雌雄相似，腿长中等、颈粗、头大、喙短粗壮。具有不同的繁殖和非繁殖羽。成鸟繁殖羽黑白相间，额部眉线以上、颈侧至上胸为白色，背面自头颈、后颈、背至腰部为黑色羽带白色边缘。非繁殖羽羽色暗淡，显灰色，突出的黑色眼睛，没有明显的眉纹，胸腹具灰色斑纹。飞行时翼白色带似金斑鸻但腰白色、腋羽黑色特征明显，腿不伸出于尾后。虹膜褐色；喙黑色；跗跖灰色。

栖息环境： 栖息于沿海滩涂、沙滩、水塘，偶栖息于沼泽、草地等生境。

食　　性： 主要以甲壳类、软体动物、昆虫、蠕虫为食。

习　　性： 停歇时成集群活动，有时与其他鸻鹬类混群，但常单独活动或形成小群体觅食。

046

长嘴剑鸻
Charadrius placidus
Long-billed Plover

别 名	长嘴鸻
居留类型	冬候鸟
保护等级	浙江省一般保护动物
濒危等级	中国生物多样性红色名录：近危（NT） IUCN：无危（LC）

分　　布： 繁殖于东亚东北部，在亚洲南部越冬。在中国除新疆外，见于各省，包括台湾。

形　　态： 较小型的鸻鹬类。雌雄相似。成鸟繁殖羽头顶灰褐色，前额白色，头顶前端黑色，眼先至眼基黑色具黑色贯眼纹；喉白色，具较窄的黑色颈环。胸、腹部白色。非繁殖羽及幼鸟颈环多灰色，幼鸟头顶及背部多杂斑；虹膜暗红色，金色眼圈不明显。虹膜褐色；喙黑色；跗跖暗黄色。

栖息环境： 栖息于内陆河边及沿海滩涂的多砾石地带。

食　　性： 主要以甲壳类、软体动物、昆虫、蠕虫为食。

习　　性： 常发现单独或小群活动，觅食行进间步伐优雅不急促。

047

金眶鸻
Charadrius dubius
Little Ringed Plover

别　　名	小环颈鸻
居留类型	冬候鸟
保护等级	浙江省一般保护动物
濒危等级	中国生物多样性红色名录：无危（LC） IUCN：无危（LC）

分　　布：广泛繁殖于欧洲及亚洲，在南亚和东南亚东部为留鸟，部分迁徙种群在非洲中部和亚洲南部越冬。在中国亚种*C. d. curonicus*除云南、贵州外，见于各省，包括台湾；亚种*C. d. jerdoni*分布于西藏东南部，云南，四川西南部，贵州，广西。

形　　态：小型的鸻鹬类。雌雄相似。成鸟繁殖羽头顶灰褐色，额部白色，眼先、眼周和眼后耳区黑色，并与额基和头顶前部黑色相连，具明显的金色眼圈；喉白色，具较窄的黑色颈环；胸、腹部白色。非繁殖羽及幼鸟似成鸟，颈环多灰色，幼鸟头顶及背部多杂斑，飞行时翼带不明显；虹膜褐色；喙灰色；跗跖黄色。

栖息环境：栖息于开阔平原的湖泊、河流、沼泽地带，也见于沿海海滨、河口沙洲和滩涂等生境。

食　　性：主要以昆虫、蠕虫为食。

习　　性：常发现单独或集小群活动，很少与其他岸鸟混栖，极少至潮间带滩涂。

鸻形目 CHARADRIIFORMES
鸻科 Charadriidae

048

环颈鸻
Charadrius alexandrinus
Kentish Plover

别　名	东方环颈鸻
居留类型	留鸟
保护等级	浙江省一般保护动物
濒危等级	中国生物多样性红色名录：无危（LC） IUCN：无危（LC）

分　布： 广布于欧亚大陆和非洲北部。在中国除青藏高原外，见于各省，包括台湾。

形　态： 小型鸻鹬类。雌雄鸟体色略异。成鸟头大，颈短，腿略短，站姿较低矮；雄鸟繁殖羽上体淡栗红色，前额、眉纹和下体白色；前头顶、贯眼纹和上胸两侧的胸带黑色，黑色胸带不连续。雌鸟繁殖羽头顶前额无黑色，上胸两侧为棕色；无金眶鸻明显的黄色眼圈。飞行时白色的翼带明显，腰至尾两侧白色。虹膜褐色；喙黑色；跗跖黑色。

栖息环境： 栖息于沿海滩涂、河口、沼泽地带，也见于内陆草地、河边等生境。

食　性： 主要以昆虫、节肢动物、软体动物为食。

习　性： 常发现单独或集小群活动，很少与其他岸鸟混栖，极少至潮间带滩涂。

049

蒙古沙鸻
Charadrius mongolus
Lesser Sand Plover

别　　名	蒙古鸻
居留类型	旅鸟
保护等级	浙江省一般保护动物
濒危等级	中国生物多样性红色名录：无危（LC） IUCN：无危（LC）

鸻形目 CHARADRIIFORMES

鸻科 Charadriidae

分　　布：繁殖于中亚至东北亚，越冬于非洲沿海、印度、东南亚、马来西亚及澳大利亚。在中国除青藏高原外，见于各省，包括台湾。

形　　态：小型鸻鹬类。雄鸟繁殖羽贯眼纹黑色，头至胸带变为栗色，胸带较宽并延至胁部；喉部白色；胸部具棕红色斑块；腹部白色；雌鸟繁殖羽似雄鸟，但贯眼纹近灰色。非繁殖羽头顶、背部、颈环灰色。虹膜褐色；喙黑色；跗跖深灰色。

栖息环境：常栖息于沿海滩涂、河口、河流地带，也见于内陆湖泊、草地、农田等生境。

食　　性：主要以昆虫、软体动物、蠕虫、螺等为食。

习　　性：常单独活动，有时也见成对或成小群活动，特别是冬季常集成大群。

050

铁嘴沙鸻
Charadrius leschenaultii
Greater Sand Plover

别　名	铁嘴鸻
居留类型	旅鸟
保护等级	浙江省一般保护动物
濒危等级	中国生物多样性红色名录：无危（LC） IUCN：无危（LC）

分　　布：繁殖于亚洲中部，在整个印度洋及太平洋西岸越冬。在中国除黑龙江、西藏外，见于各省，包括台湾。

形　　态：较小型鸻鹬类。成鸟繁殖羽前额具白色斑块，头上、后颈淡红褐色，具黑色贯眼纹；喉、前颈白色，上胸红褐色，胸带较窄且不延至胁部。非繁殖羽成鸟没有淡红褐色胸带，脸部斑纹对比不明显，但白色眉纹更明显。虹膜褐色；喙黑色；跗跖黄灰色。

栖息环境：栖息于沿海滩涂、河口地带，偶见于内陆平原草地。

食　　性：主要以软体动物、昆虫、螺类等为食。

习　　性：觅食步态与蒙古沙鸻相似，但更喜欢追逐其他鸻鹬抢食。

051

彩鹬
Rostratula benghalensis
Greater Painted Snipe

别　名	水画眉
居留类型	留鸟
保护等级	浙江省一般保护动物
濒危等级	中国生物多样性红色名录：无危（LC） IUCN：无危（LC）

鸻形目 CHARADRIIFORMES
彩鹬科 Rostratulidae

分　布：分布于非洲、印度、中国、俄罗斯东南部、日本、南亚、东南亚及澳大利亚。在中国除黑龙江、宁夏、新疆外，见于各省，包括台湾。

形　态：中型鸻鹬类。雌鸟比雄鸟鲜艳。雌性色彩鲜艳极为醒目，白色的眼眶延伸至眼后，头、颈深栗色；白色的"V"形条纹自胸上延至背部；上背和翼上覆羽暗棕色带金属绿光泽；翼下覆羽白色，飞羽上密布淡褐色斑点；雄鸟相对雌鸟体形稍小，体羽颜色比雌性更暗淡，多具杂斑而少皮黄色，脸部颜色似沙锥，翼上覆羽具金色点斑。

飞行时两翼较圆钝，双腿下垂并突出于尾后而有别于其他沙锥。虹膜红色；喙黄色；跗跖近黄色。

栖息环境：栖息于芦苇水塘、沼泽、河滩草地和水稻田。

食　性：食性杂，主要以无脊椎动物为食。

习　性：一雌多雄，雌性求偶炫耀，雄性孵卵及育雏。常单独或成小群活动。性隐蔽，白天常隐藏在草丛中，多在夜间和晨昏活动觅食。

052

水雉
Hydrophasianus chirurgus
Pheasant-tailed Jacana

别　名	水山鸡、水凤凰
居留类型	夏候鸟
保护等级	国家二级重点保护野生动物
濒危等级	中国生物多样性红色名录：近危（NT） IUCN：无危（LC）

分　布：分布于东亚、东南亚、南亚等地区。在中国分布于华北、华东、华南、西南等地区，包括海南和台湾。

形　态：较大型的鸻鹬类。雌雄相似，但雌鸟体形较大。具有不同的繁殖和非繁殖羽。繁殖羽脸颊、颏部、前颈白色，虹膜深褐色，喙黑色；后颈金黄色，黑色条纹自头顶两侧下延至颈侧；背部、肩部棕褐色；胸部、腹部、腰部及尾羽黑色；翼上覆羽白色，第一和第二枚初级飞羽黑色，跗跖浅绿色。非繁殖羽头顶棕褐色具白色眉纹，虹膜黄色，喙铅灰色；背部较繁殖羽色浅，腹部白色，黑色尾羽较繁殖羽短，跗跖肉色。

栖息环境：栖息于富有挺水植物和漂浮植物的淡水湖泊、池塘和沼泽地带。

食　性：主要以无脊椎动物为食，也吃水生植物。

习　性：单独或成小群活动，迁徙时偶见于河流及沿海滩涂。雌性求偶炫耀并与多个雄性交配，雄性负责孵卵及育雏。十分擅长在水面浮游植物上行走。

053

丘鹬
Scolopax rusticola
Eurasian Woodcock

别　　名	山鹬
居留类型	冬候鸟
保护等级	浙江省一般保护动物
濒危等级	中国生物多样性红色名录：无危（LC） IUCN：无危（LC）

分　　布：广布于欧亚大陆。在中国见于各省，包括台湾。

形　　态：中型鸻鹬类。雌雄相似。身体大而圆胖，喙长，跗跖短；成鸟通体棕红色，头顶棕褐色，头顶至后头有3～4条不规则的棕黑色横斑；颊部具褐色贯眼纹和颊横斑；背部、两翼、腰部、尾上覆羽锈红色；尾具黑色次端斑及褐色端斑；胸、腹部黄褐色，具较窄的黑色横纹。虹膜褐色；喙基部偏粉，端黑；跗跖粉灰色。

栖息环境：栖息于阴暗潮湿、林下植物发达、落叶层较厚的阔叶林和混交林中，有时也见于林间沼泽、湿草地和林缘灌丛地带。

食　　性：主要以蚯蚓、蠕虫、昆虫为主。

习　　性：习性隐蔽，单独活动，夜行性，偶见白天活动。飞行时嘴朝下，飞行喙尖朝下，两翼呈弯弓状，头上扬。

鸻形目 CHARADRIIFORMES

鹬科 Scolopacidae

054

针尾沙锥
Gallinago stenura
Pintail Snipe

别　　名	针尾鹬
居留类型	旅鸟
保护等级	浙江省一般保护动物
濒危等级	中国生物多样性红色名录：无危（LC） IUCN：无危（LC）

分　　布：繁殖于亚洲北部，多在南亚及东南亚越冬。在中国见于各省，包括台湾。

形　　态：中型鸻鹬类。雌雄相似。成鸟整体黄褐色，喙较扇尾沙锥明显偏短；从额基经头顶到枕部有2条黑棕色纵带，带间乳白色；贯眼纹向喙基的方向逐渐变窄；眉纹白色；尾羽张开时，最外侧尾羽呈针状；飞行时跗跖伸出尾后较多，翅后缘无白色，常呈"Z"字形飞行。虹膜深褐色；喙褐色，喙端深色；跗跖偏黄色。

栖息环境：栖息于山地森林、沼泽湿地、草地和农田等生境。

食　　性：主要以昆虫、甲壳类、蠕虫等为食。

习　　性：炫耀飞行时扇动较硬的外侧尾羽发出声响，常单独或成松散的小群活动。

055

大沙锥
Gallinago megala
Swinhoe's Snipe

别　　名	中地鹬、中田鹬
居留类型	旅鸟
保护等级	浙江省一般保护动物
濒危等级	中国生物多样性红色名录：无危（LC） IUCN：无危（LC）

分　　布：繁殖于亚洲北部，在亚洲南部至大洋洲北部越冬。在中国见于各省，包括台湾。

形　　态：中型鸻鹬类。雌雄相似，整体黄褐色。成鸟喙较扇尾沙锥偏短；尾羽张开时，外侧尾羽细致且较宽，从两侧到中央尾羽宽度逐渐扩大；停栖时尾明显超过翼尖，飞行时跗跖伸出尾较少，常成直线飞行。虹膜深褐色；喙褐色；跗跖橄榄灰色。

栖息环境：栖息于开阔的湖泊、河流、水塘、芦苇沼泽和水稻田地带。

食　　性：主要以昆虫、软体动物为食。

习　　性：常单独、成对或成小群活动，主要活跃在晚上、黎明和黄昏，白天多藏匿在植被中，受到干扰会突然冲出和起飞。

056

扇尾沙锥
Gallinago gallinago
Common Snipe

别　　名	田鹬
居留类型	冬候鸟
保护等级	浙江省一般保护动物
濒危等级	中国生物多样性红色名录：无危（LC） IUCN：无危（LC）

分　　布： 在欧亚大陆北部繁殖，在南方越冬。在中国见于各省，包括台湾。

形　　态： 中型鸻鹬类。雌雄相似，整体黄褐色。成鸟喙较长，约为头长的2倍；头部中央冠纹和眉纹偏白色；上体花纹更少，肩羽及覆羽边缘更为狭窄，与大沙锥更为显眼的羽缘形成对比。尾羽张开时可见14枚等宽的棕红色尾羽；胸、腹部黄褐色多深褐色斑纹；飞行时翅后缘具明显白色，翅下具明显的白色亮区；虹膜褐色；喙褐色；跗跖橄榄色。

栖息环境： 栖息于落叶林或开阔的混交阔叶林地，见于河谷、沼泽、溪流附近的草地或淡水、盐水湖泊、河流、芦苇塘地带。

食　　性： 主要以昆虫、软体动物为食。

习　　性： 通常隐蔽在高大的芦苇草丛中，被赶时跳出，做"锯齿形"飞行，并发出警告声。

057

长嘴半蹼鹬
Limnodromus scolopaceus
Long-billed Dowitcher

别　　名	长嘴鹬
居留类型	旅鸟
保护等级	浙江省一般保护动物
濒危等级	中国生物多样性红色名录：资料缺乏（DD） IUCN：无危（LC）

分　　布：繁殖于亚洲东部至美洲西部的环北极地区，越冬于日本南部及北美洲南部。在中国见于黑龙江，天津，河北，新疆，青海，四川，湖北，上海，浙江，广东，香港，台湾。

形　　态：中型鸻鹬类。雌雄相似。成鸟繁殖羽头部棕红色，头顶、眼先黑色；背部、两翼覆羽近黑色；胸部、腹部红色具纵纹，胁有点斑。非繁殖羽整体近灰色，胸部具褐色横纹，有白色羽缘，胁有点斑。飞行时次级飞羽有较明显白色后缘，腰白色具不明显斑纹，跗蹠不伸出尾后。虹膜褐色；喙近黄色，喙尖端灰黑色；跗蹠绿灰色。

栖息环境：栖息于潮湿草地、平原、淡水池塘、沿海海岸及其沼泽地带。

食　　性：主要以昆虫、软体动物为食。

习　　性：常单独或成小群活动，喜欢在小水塘、沼泽边和潮涧地带活动和觅食。

058

黑尾塍鹬
Limosa limosa
Black-tailed Godwit

别　　名	黑尾鹬
居留类型	旅鸟
保护等级	浙江省一般保护动物
濒危等级	中国生物多样性红色名录：无危（LC） IUCN：近危（NT）

分　　布： 广泛繁殖于欧亚大陆北部，越冬于欧亚大陆及非洲、大洋洲的中低纬度地区。在中国见于各省，包括台湾。

形　　态： 中型鸻鹬类。雌雄相似。喙长不上翘，贯眼纹显著，上体杂斑少；成鸟繁殖羽头部红褐色具不明显白色眉纹；胸部红褐色少斑纹，腹部红褐色具明显深褐色横纹；非繁殖羽整体灰色；幼鸟背部、两翼具浅色羽缘；飞行时可见黑色尾部。虹膜褐色；喙基粉色；跗跖长呈绿灰色。

栖息环境： 栖息于平原草地和森林平原地带的沼泽、湿地、湖边和附近的草地与低湿地上。

食　　性： 主要以无脊椎动物为食。

习　　性： 长距离迁徙，喜淤泥，常单独和成小群活动。

059

斑尾塍鹬
Limosa lapponica
Bar-tailed Godwit

别　　名	斑尾鹬
居留类型	旅鸟
保护等级	浙江省一般保护动物
濒危等级	中国生物多样性红色名录：近危（NT） IUCN：近危（NT）

分　　布：繁殖于欧洲、亚洲及阿拉斯加近北极圈地带；冬季迁徙至澳大利亚及新西兰。在中国分布于东南沿海，特别是黄河三角洲、鸭绿江口、辽河口等泥质滩涂的地区。

形　　态：中型鸻鹬类。雌雄相似，喙尖略微上翘。雌鸟体形比雄鸟大，喙更长；成鸟繁殖羽喙基部肉红色，尖端黑色；贯眼纹细而深，胸、腹部栗红色，跗跖较其他塍鹬短。非繁殖羽眉纹白色明显，羽毛和头部有灰褐色花纹，胸部灰褐色，下腹部白色。虹膜褐色；喙基部粉红色，端黑色；跗跖暗绿或灰色。

栖息环境：栖息在距离水源较近的灌木苔原、森林苔原、河谷、落叶树林等地；非繁殖期主要出现在潮间带，特别是河口、海湾，也见于内陆湿地和矮草原。

食　　性：主要以无脊椎动物为食。

习　　性：长距离迁徙，常单独和成小群活动。

斑尾塍鹬

鸻形目 CHARADRIIFORMES

鹬科 Scolopacidae

060

中杓鹬
Numenius phaeopus
Whimbrel

别 名	杓鹬
居留类型	旅鸟
保护等级	浙江省一般保护动物
濒危等级	中国生物多样性红色名录：无危（LC） IUCN：无危（LC）

分　布：分布广泛，繁殖于北半球中高纬度地区，在北半球低纬度地区至南半球的沿海越冬。在中国亚种*N. p. phaeopus*分布于新疆、西藏，亚种*N. p. variegatus*除新疆外，见于各省，包括台湾。

形　态：较大型鸻鹬类。雌雄相似，整体灰褐色。成鸟头部灰褐色，有白色的中央冠纹，眉纹白色，贯眼纹黑褐色，喙长约为头长的2倍，喙长而下弯；胸部灰褐色具深褐色纵纹；腹部灰褐色具深褐色斑纹；尾上覆羽和尾灰色，具黑色横斑；身体两侧和尾下覆羽白色，具黑褐色横斑；飞行时可见白色腰部。虹膜褐色；喙黑色；跗跖蓝灰色。

栖息环境：栖息于湿地、湖泊、沼泽、水塘、河流、农田等各类生境。

食　性：主要以无脊椎动物为食。

习　性：常分散单独觅食，个体间可见保卫觅食地的行为。通常直接啄食，有时也边走边将弯嘴插入泥中探觅食物。

061

白腰杓鹬
Numenius arquata
Eurasian Curlew

别　　名	大杓鹬
居留类型	冬候鸟
保护等级	国家二级重点保护野生动物
濒危等级	中国生物多样性红色名录：近危（NT） IUCN：近危（NT）

分　　布：繁殖于欧亚大陆中高纬度地区，越冬于非洲及欧亚大陆中低纬度地区。在中国分布于除贵州以外各省，包括台湾。

形　　态：整体灰褐色的大型鸻鹬类。雌雄相似。头部灰褐色，喙长约为头长的3倍，下弯较明显；颏、喉灰白色，颈、胸、腹、两胁灰白色多黑褐色纵纹；下腹部、尾下覆羽白色无斑纹；飞行时翼下较白无斑纹，白色腰部非常显眼。虹膜褐色；喙褐色；跗跖青灰色。

栖息环境：常出现于河口潮间带、海滨、河岸及泥滩，也出现于沼泽地带、草地以及农田地带。

食　　性：主要以昆虫、软体动物为食，也吃小型陆生脊椎动物和植物性食物。

习　　性：性机警，常成小群活动，活动时步履缓慢稳重，并不时地抬头四处观望。

062

大杓鹬
Numenius madagascariensis
Eastern Curlew

别　名	红腰杓鹬
居留类型	旅鸟
保护等级	国家二级重点保护野生动物
濒危等级	中国生物多样性红色名录：易危（VU） IUCN：濒危（EN）

分　　布：繁殖于俄罗斯东部以及蒙古东北部，越冬于东亚至大洋洲沿海地区。在中国除新疆、西藏、云南、贵州以外，见于各省。

形　　态：大型鸻鹬类。雌雄相似。整体黄褐色，头部黄褐色，喙长而下弯，比白腰杓鹬色深而褐色重；颈、胸、腹、两胁及尾下覆羽皮黄色密布黑褐色条纹；飞行时翅下密布深褐色斑纹，腰部无白色。虹膜褐色；喙黑色，喙基粉红色；跗跖灰色。

栖息环境：栖息于滨海和河口湿地、沼泽、湖滩及附近的湿草地和水稻田边。

食　　性：主要以昆虫、软体动物为食，也吃小型陆生脊椎动物和植物性食物。

习　　性：性胆怯，常单独或成松散的小群活动和觅食，但在休息时或在夜间栖息地，则常集成群；繁殖期间则成对活动，行动迟缓而宁静。

063

鹤鹬
Tringa erythropus
Spotted Redshank

别　　名	水鸡儿
居留类型	冬候鸟
保护等级	浙江省一般保护动物
濒危等级	中国生物多样性红色名录：无危（LC） IUCN：无危（LC）

分　　布：繁殖于欧亚大陆北部，主要越冬于非洲中部及北部、南亚及东南亚。在中国分布于各省，包括台湾。

形　　态：中型鸻鹬类。雌雄相似。喙、跗跖皆为红色，喙长且直。繁殖羽整体黑色具白色点状斑纹，眼周有一窄的白色眼圈。非繁殖羽整体灰色。飞行时可见白腰，翼后缘无白色，趾伸出尾后较长。虹膜褐色；喙黑色，喙基红色；跗跖红色。

栖息环境：栖息于淡水或盐水湖泊、河流沿岸、河口沙洲、海滨、沼泽及农田地带。

食　　性：主要以昆虫、软体动物为食。

习　　性：常单独或成分散的小群活动，多在水边沙滩、泥地、浅水处和海边潮涧地带边走边啄食。

鸻形目 CHARADRIIFORMES
鹬科 Scolopacidae

064

红脚鹬
Tringa totanus
Common Redshank

别　　名	东方红腿鹬、赤足鹬
居留类型	冬候鸟
保护等级	浙江省一般保护动物
濒危等级	中国生物多样性红色名录：无危（LC） IUCN：无危（LC）

分　　布：几乎繁殖于整个欧亚大陆，越冬于亚洲、非洲和大洋洲北部。在中国西北、东北、中部都有繁殖，南方越冬。

形　　态：中型鸻鹬类。雌雄相似。繁殖羽整体灰褐色，头及后颈淡红褐色，具明显黑色贯眼线，胸、腹及两胁多深色斑纹。非繁殖羽整体色浅；喉、前颈、背面、上胸、胸侧灰褐色，有黑色细纹；幼鸟喙、跗跖近青色，背部、两翼羽缘浅色。飞行时可见白腰，翅后缘白色，跗跖伸出尾后较短。虹膜褐色；喙基部红色，端黑色；跗跖橙红色。

栖息环境：栖息于沼泽、草地、河流、湖泊、水塘、沿海海滨、河口沙洲等水域或水域附近湿地上。

食　　性：主要以昆虫、软体动物为食。

习　　性：通常结小群活动，也与其他水鸟混群。

065

泽鹬
Tringa stagnatilis
Marsh Sandpiper

别　　名	小青足鹬
居留类型	旅鸟
保护等级	浙江省一般保护动物
濒危等级	中国生物多样性红色名录：无危（LC） IUCN：无危（LC）

分　布：繁殖于欧亚大陆中部，越冬于除美洲外的中低纬度地区。在中国除西藏、云南、贵州以外，见于各省，包括台湾。

形　态：较小型的鸻鹬类。雌雄相似。整体较修长，喙较细长。繁殖羽头部、枕部、胸部、腹部具灰黑色点状斑纹；背部、两翼覆羽深褐色具明显黑斑。非繁殖羽整体偏白色，胸部、腹部多白色而少斑纹；背部灰色而少杂斑。飞行时腰至上背具白色楔形，跗跖伸出尾后较长。虹膜褐色；喙黑色；跗跖偏绿色。

栖息环境：栖息于湖泊、河流、芦苇沼泽、水塘、河口和沿海沼泽与邻近水塘和水田地带。

食　性：主要以昆虫、鱼类、软体动物为食。

习　性：常单独或成小群在水边沙滩、泥地和浅水处活动和觅食，也常进到较深的水中活动。

066

青脚鹬
Tringa nebularia
Common Greenshank

别　　名	青足鹬
居留类型	冬候鸟
保护等级	浙江省一般保护动物
濒危等级	中国生物多样性红色名录：无危（LC） IUCN：无危（LC）

分　　布：广泛繁殖于欧亚大陆北部，越冬于除美洲外的中低纬度地区。在中国见于各省，包括台湾。

形　　态：中型鹬鹬类。雌雄相似。整体较粗壮，喙长而粗壮且略上翘。繁殖羽头部、胸部、腹部具灰黑色点状斑纹，背部具黑斑。非繁殖羽整体偏白色，具白色羽缘；胸部、腹部多白色而少斑纹；背部灰色而少杂斑。飞行时腰至上背具白色楔形，趾伸出尾后较长。虹膜褐色；喙灰色，端黑色；跗跖黄绿色。

栖息环境：繁殖于泰加林、苔原森林和亚高山杨桦矮曲林地带的湖泊、河流、水塘和沼泽地带。迁徙时出现在内陆草地、干涸的湖泊、沙洲和沼泽。越冬在各种淡水和海岸滩涂。

食　　性：主要以昆虫、鱼类、软体动物为食。

习　　性：通常单独或两三成群，进食时嘴在水里左右甩动寻找食物。

067

小青脚鹬
Tringa guttifer
Nordmann's Greenshank

别　　名	诺氏鹬
居留类型	旅鸟
保护等级	国家一级重点保护野生动物
濒危等级	中国生物多样性红色名录：濒危（EN） IUCN：濒危（EN）

分　　布：繁殖于萨哈林岛和鄂霍次克海西侧，越冬于印度东北部、孟加拉国、缅甸南部、马来半岛、苏门答腊岛东部，也可能在东亚地区越冬。在中国迁徙季可见于沿海和长江中下游地区以及台湾、香港等地。

形　　态：中型鸻鹬类。雌雄相似。青灰色喙略上翘，颈、跗跖较青脚鹬短。繁殖羽胸部、腹部具灰黑色点状斑纹；背部具明显黑斑。非繁殖羽整体偏白色，胸部多白色而少斑纹，背部灰色而少杂斑，翼下白色。飞行时腰至上背具白色楔形，趾略伸出尾后。虹膜深褐色；喙青灰色；跗跖黄绿色。

栖息环境：栖息于苔原地区有稀疏植被的山地、沼泽、水塘和湿地附近。非繁殖期主要栖息于海边沙滩、泥滩、河口沙洲等，偶见于红树林，溪流、盐田、稻田等。

食　　性：主要以昆虫、鱼类、软体动物为食。

习　　性：似青脚鹬，性情胆小而机警。

068

白腰草鹬
Tringa ochropus
Green Sandpiper

别　名	绿鹬
居留类型	冬候鸟
保护等级	浙江省一般保护动物
濒危等级	中国生物多样性红色名录：无危（LC） IUCN：无危（LC）

分　　布： 繁殖于欧亚大陆北部；冬季南迁至非洲、印度次大陆、东南亚、北婆罗洲及菲律宾。在中国见于各省，包括台湾。

形　　态： 中型鸻鹬类。整体暗色，矮壮型。前额、胸部和胁都有灰褐色条纹，腹、腰和尾白色；上体绿褐色具白点；两翼及下背几乎全黑。飞行时翼下黑色、趾伸至尾后，白色的腰部以及尾部的黑色横斑极显著。虹膜褐色；喙暗橄榄色；跗跖橄榄绿色。

栖息环境： 栖息繁殖于温润的林地，其他时期会出现在各种各样的淡水水体。

食　　性： 主要以昆虫、鱼类、软体动物为食。

习　　性： 个性孤僻，经常单独出现。喜小水塘及池塘、沼泽地及沟壑。受惊时起飞，似沙锥而呈锯齿形飞行。

069

林鹬
Tringa glareola
Wood Sandpiper

别　　名	油锥、鹰斑鹬
居留类型	旅鸟
保护等级	浙江省一般保护动物
濒危等级	中国生物多样性红色名录：无危（LC） IUCN：无危（LC）

分　　布：繁殖于欧亚大陆北部；冬季南迁至非洲、印度次大陆、东南亚及澳大利亚。在中国见于各省，包括台湾。

形　　态：较小型鸻鹬类。整体纤细而高挑，上身褐灰色多白色斑点，比白腰草鹬更显著，眉线白而长，具黑色贯眼纹，颈和胸部具灰棕色细条纹，喉、胸、腹部接近白色，腰白色；尾具褐色横斑；飞行时尾部的横斑、白色的腰部、翼下以及翼上无横纹。非繁殖羽整体偏棕色，身上斑点变少；胸部灰色更浅；飞行时趾伸出体外较长；雌鸟体形稍大。虹膜褐色；喙黑色，喙基带黄绿色；跗跖淡黄色至橄榄绿色。

栖息环境：栖息繁殖于北方森林中的泥炭地和开阔沼泽地，特别是针叶林与苔原带的灌木丛中，非繁殖期偏爱各种林地。

食　　性：主要以昆虫、鱼类、软体动物为食。

习　　性：喜沿海多泥的栖息环境，但也出现在内陆高至海拔750米的稻田及淡水沼泽。通常结成松散小群可多达20余只，有时也与其他涉禽混群。

070

灰尾漂鹬
Tringa brevipes
Grey-tailed Tattler

别　　名	灰尾鹬、黄足鹬
居留类型	旅鸟
保护等级	浙江省一般保护动物
濒危等级	中国生物多样性红色名录：无危（LC） IUCN：近危（NT）

分　　布： 繁殖于西伯利亚北部及东部，在东南亚及澳大利亚沿海越冬。在中国分布于东北、华北、华东、华南等地，包括台湾。

形　　态： 中型鸻鹬类。雌雄相似。成鸟头部灰色，具明显白色眉纹；腰部具不明显深褐色横斑。繁殖羽胸部、腹部灰白色具明显深褐色横纹。非繁殖羽胸部具灰色斑块，腹部白色；幼鸟背部羽缘浅色。飞行时翼下深灰色。似漂鹬，但停歇时翼、尾几乎等长。虹膜深褐色；喙端深褐色，喙基青绿色；跗跖近黄色。

栖息环境： 栖息和活动于山地沙石河流沿岸，也见于岩石海岸、海滨沙滩、泥地及河口。

食　　性： 主要以昆虫、甲壳类、软体动物为食。

习　　性： 迁徙时多利用海岸湿地，也出现于内陆。

071

翘嘴鹬
Xenus cinereus
Terek Sandpiper

别　　名	翘嘴水母鸡
居留类型	旅鸟
保护等级	浙江省一般保护动物
濒危等级	中国生物多样性红色名录：无危（LC） IUCN：无危（LC）

分　　布：繁殖于欧亚大陆北部，越冬于非洲至东南亚及澳大利亚沿海地区。在中国分布于各省，包括台湾。

形　　态：较小型鸻鹬类。雌雄相似。喙长且明显向上翘，基部黄色，尖端黑色。跗跖略短、橙黄色。繁殖羽胸部多灰色斑纹，肩羽具明显黑色条纹；腹部白色无斑纹。非繁殖羽整体颜色较浅；背部灰白色；胸部偏白色而少斑纹；飞行时次级飞羽、三级飞羽后端白色，趾不伸出尾后。

栖息环境：繁殖期栖息于苔原、森林、灌木和草原，非繁殖期见于热带和亚热带潮间带泥滩、河口、沙洲、沼泽和盐田。

食　　性：主要以昆虫、甲壳类、软体动物为食。

习　　性：常单独或成小群活动，休息时会与其他种类混群。

翘嘴鹬

072

矶鹬
Actitis hypoleucos
Common Sandpiper

别 名	普通鹬
居留类型	冬候鸟
保护等级	浙江省一般保护动物
濒危等级	中国生物多样性红色名录：无危（LC） IUCN：无危（LC）

分　　布：繁殖于欧亚大陆中部及北部，在非洲、亚洲及大洋洲越冬。在中国见于各省，包括台湾。

形　　态：较小型的鸻鹬类。雌雄相似。成鸟头部灰色，有明显的灰色眼圈，具较明显灰白色眉纹；背部灰色，翼角前缘白色甚明显；胸侧具灰褐色斑块；腹部白色无斑纹；繁殖羽整体灰色较重。幼鸟背部具浅色羽缘。飞行时翼上具白色横纹，腰无白色但尾羽末端一圈白色常见。虹膜深褐色；喙灰褐色；跗跖青绿色。

栖息环境：栖息于水体附近，特别多砂石的河岸，也会利用小池塘和湖岸等；见于各种内陆的自然和人工湿地。

食　　性：主要以昆虫、鱼类、甲壳类、软体动物为食。

习　　性：迁徙并且可以进行单次超过4000千米的飞行，行走时头不停地点动，并具两翼僵直滑翔的特殊姿势。

073

翻石鹬
Arenaria interpres
Ruddy Turnstone

别　　名	鸫鸻
居留类型	旅鸟
保护等级	国家二级重点保护野生动物
濒危等级	中国生物多样性红色名录：无危（LC） IUCN：无危（LC）

分　　布：除南极洲外的各个大陆均有分布。在中国见于各省，包括台湾。

形　　态：中等鸻鹬类。整体矮胖，喙、跗跖短，跗跖为鲜亮的橘黄色。黑色的喙短而粗壮，呈楔形；成鸟头及胸部具黑色、棕色及白色的复杂图案；飞行时翼上具醒目的黑白色图案。

栖息环境：栖息于岩石海岸、海滨沙滩、泥地和潮涧地带，也出现于海边沼泽及河口沙洲，偶尔也出现于内陆湖泊、河流、沼泽以及附近的荒原和沙石地上。

食　　性：主要以昆虫、鱼类、甲壳类、软体动物为食。

习　　性：通常不与其他种类混群，在海滩上翻动石头及其他物体觅食，奔走迅速。

074

大滨鹬
Calidris tenuirostris
Great Knot

别　　名	细嘴滨鹬
居留类型	旅鸟
保护等级	国家二级重点保护野生动物
濒危等级	中国生物多样性红色名录：易危（VU） IUCN：濒危（EN）

分　　布：繁殖于西伯利亚东部，主要在亚洲南部及澳大利亚沿海地区越冬。在中国为旅鸟，分布于东部及北部沿海省份包括台湾，于东南部沿海和海南为冬候鸟。

形　　态：较大型鸻鹬类。雌雄相似。整体灰黑色，喙较长且直，跗跖短。繁殖羽头部灰白色夹杂灰褐色斑纹；胸部具明显大面积的黑色斑纹；背部灰黑色具棕红色斑块。非繁殖羽胸部、腹部灰白色具灰色斑纹；背部灰色。飞行时腰白色，尾羽末端灰色。虹膜深褐色；喙深灰色；跗跖灰绿色。

栖息环境：栖息于滨海、河口沙洲及其附近沼泽地带，迁徙期间也见于开阔的河流与湖泊沿岸地带。

食　　性：主要以昆虫、甲壳类、软体动物为食。

习　　性：喜潮间滩涂及沙滩，常结大群活动。

075

红腹滨鹬
Calidris canutus
Red Knot

别　　名	漂鹬
居留类型	旅鸟
保护等级	浙江省一般保护动物
濒危等级	中国生物多样性红色名录：易危（VU） IUCN：近危（NT）

分　　布：繁殖于北极和近北极地区，越冬于欧洲、非洲、澳大利亚和南美洲。在中国迁徙期间见于吉林、辽宁、河北、山东、青海、湖北、江苏、上海、浙江、福建、广东、澳门、广西、海南、香港和台湾。

形　　态：较大型鸻鹬类。深色的喙短且厚，具浅色眉纹。成鸟繁殖羽从颈下到腹部为锈红色，头顶至后颈锈棕红色具细密的黑色纵纹；背、肩黑色，具棕色斑纹和白色羽缘；腰和尾上覆羽白色，具黑色横斑；尾灰褐色具窄的白色端缘；尾下覆羽具黑色边缘。成鸟非繁殖羽下体棕色，头顶、后颈、背和肩淡灰褐色，具细的黑色条纹。飞行时翼具狭窄的白色横纹，腰浅灰色。虹膜深褐色；喙黑色；跗跖黄绿色。

栖息环境：栖息于环北极海岸和沿海岛屿及其冻原地带的山地、丘陵和冻原草甸，也见于沿海海岸、河口、滩涂，也深入内陆河流与湖泊。

食　　性：主要以昆虫、甲壳类、软体动物为食。

习　　性：常单独或成小群活动，性胆小。

076

三趾滨鹬
Calidris alba
Sanderling

别　　名	三趾鹬
居留类型	旅鸟
保护等级	浙江省一般保护动物
濒危等级	中国生物多样性红色名录：无危（LC） IUCN：无危（LC）

分　　布：繁殖地紧邻北极圈，越冬于非洲、南亚、东南亚、大洋洲等地的海岸。在中国除黑龙江、四川外，见于各省。

形　　态：小型鸻鹬类。整体灰色，体形矮胖。喙较长而粗壮，肩羽明显黑色，后趾缺失。成鸟繁殖羽上体有红色和褐色杂斑，胸部也变为红色，个体差异大。成鸟非繁殖羽颜色灰白色且换羽较晚；飞行时翼上具白色宽纹；尾中央色暗，两侧白色。虹膜深褐色；喙黑色；跗跖黑色。

栖息环境：栖息于北极冻原苔藓草地、海岸和湖泊沼泽地带，也见于海岸、河口沙洲以及海边沼泽地带。

食　　性：主要以昆虫、甲壳类、软体动物为食。

习　　性：常成群活动，有时也与其他鹬混群，喜欢在海边沙滩上活动，性活泼，嘈杂。

077

红颈滨鹬
Calidris ruficollis
Red-necked Stint

别　　名	红胸滨鹬
居留类型	旅鸟
保护等级	浙江省一般保护动物
濒危等级	中国生物多样性红色名录：无危（LC） IUCN：近危（NT）

分　　布：繁殖在西伯利亚泰梅尔半岛和勒拿河三角洲附近，在中国见于各省，包括台湾。

形　　态：小型鸻鹬类。雌雄相似。成鸟繁殖羽头部、喉部、颈部红色；胸部白色具深褐色斑纹；腹部白色无斑纹；背部灰褐色，翼上覆羽具红褐色杂斑。成鸟非繁殖羽头顶灰色；颈部、胸部、腹部白色无斑纹；背部、两翼灰色。飞行时灰色条纹纵贯腰中部，两侧白色，尾羽末端灰色。虹膜深褐色；喙近黑色；跗跖近黑色。

栖息环境：栖息于冻原地带芦苇沼泽、海岸、湖滨和苔原地带。也见于海边、河口以及附近盐水和淡水湖泊及沼泽地带，迁徙期间偶出现于内陆湖泊与河流地带。

食　　性：主要以昆虫、甲壳类、软体动物为食。

习　　性：喜沿海滩涂，结大群活动，性活跃，敏捷行走或奔跑。

078

勺嘴鹬
Calidris pygmeus
Spoon-billed Sandpiper

别　　名	琵嘴鹬
居留类型	旅鸟
保护等级	国家一级重点保护野生动物
濒危等级	中国生物多样性红色名录：极危（CR） IUCN：极危（CR）

分　　布：繁殖地在楚科奇半岛到堪察加北部，越冬于孟加拉国、缅甸、泰国、印度东南部、印度尼西亚、新加坡、菲律宾等地。在中国迁徙季见于东部沿海各个滩涂，越冬期主要可见于福建闽江口以及广西、广东等地滩涂。

形　　态：小型鸻鹬类。整体灰褐色。黑色的勺子似的喙特征明显。成鸟繁殖羽前额、头顶和背部栗红色，具黑褐色纵纹；胸部到腹部有暗色斑点，具宽阔的白色翅带；腰和尾上覆羽两侧白色，中间黑色，中央尾羽黑色，两侧尾羽淡灰色；下胸淡栗色，具褐色纵纹和斑点；其余下体，包括翅下覆羽和腋羽白色。成鸟非繁殖羽以黑色、白色和灰色三色为主，头顶和上体灰褐色，具纵纹，白色眉纹显著。虹膜褐色；喙黑色；跗跖黑色。

栖息环境：栖息于北极海岸冻原沼泽、草地和湖泊、溪流、水塘等水域岸边。也见于海岸与河口地区的浅滩与泥地上，或海岸附近的水体边上，不深入内陆水域。

食　　性：主要以昆虫、甲壳类、软体动物为食。

习　　性：喜沙滩，取食时喙几乎垂直向下，以一种极具特色的两边"吸尘"的方式觅食。

079

小滨鹬
Calidris minuta
Little Stint

别　　名	
居留类型	旅鸟
保护等级	浙江省一般保护动物
濒危等级	中国生物多样性红色名录：无危（LC） IUCN：无危（LC）

分　　布：繁殖于欧亚大陆的北端，从斯堪的纳维亚半岛到亚纳河流域，越冬于非洲和南亚。在中国西部为旅鸟，少数迁徙于东部沿海至香港、台湾。

形　　态：小型鸻鹬类。整体偏灰色，喙短而粗，下体白色，上胸侧沾灰色，暗色贯眼纹模糊，眉纹白色。习性和外形与红颈滨鹬相似，但跗跖和喙略长，喙端较尖，与繁殖羽的红颈滨鹬区别在于额及喉白色，上背具乳白色"V"字形带斑，胸部多深色点斑，覆羽和三级飞羽有赤褐色边缘及清晰的黑色中央。虹膜褐色；喙黑色；跗跖黑色。

栖息环境：繁殖期间则主要栖息于北极冻原和冻原森林地带的开阔湿地上。非繁殖期栖息于开阔平原地带的河流、湖泊、水塘、沼泽等水边和邻近湿地，也出现于水稻田、鱼塘和海岸地带。

食　　性：主要以昆虫、甲壳类、软体动物为食。

习　　性：常成群活动，特别是在迁徙期间常集成大群。

青脚滨鹬
Calidris temminckii
Temminck's Stint

别　　名	丹氏滨鹬
居留类型	旅鸟
保护等级	浙江省一般保护动物
濒危等级	中国生物多样性红色名录：无危（LC） IUCN：无危（LC）

分　　布：繁殖于欧亚大陆北端，越冬于南欧、非洲、南亚、东南亚、东亚等地。在中国见于各省，包括台湾。

形　　态：小型鸻鹬类。整体灰色，矮壮、跗跖短。喙部短、上身灰色的覆羽的黄色边缘形成特有的"V"形。非繁殖羽上体全暗灰色；下体胸灰色，渐变为近白色的腹部；多数羽毛有栗色羽缘和黑色纤细羽干纹；腰部暗灰褐色，羽缘略沾灰色；中央尾羽暗褐色，外侧尾羽灰白色，飞行时可见白色边缘，落地时也很明显；尾长于翼。虹膜褐色；喙黑色；跗跖偏绿色或近黄色。

栖息环境：栖息于海滩涂及沼泽地带。

食　　性：主要以昆虫、甲壳类、软体动物为食。

习　　性：单独或成小群活动，迁徙期间有时也集成大群，受惊时常蹲伏于地。

081

长趾滨鹬
Calidris subminuta
Long-toed Stint

鸻形目 CHARADRIIFORMES
鹬科 Scolopacidae

别　　名	云雀鹬
居留类型	旅鸟
保护等级	浙江省一般保护动物
濒危等级	中国生物多样性红色名录：无危（LC） IUCN：无危（LC）

分　　布：繁殖于西伯利亚中部，越冬于南亚、东南亚、东亚和澳大利亚等地。在中国见于各省，包括台湾。

形　　态：小型鸻鹬类。雌雄相似，整体棕褐色，体形修长。繁殖羽头部褐色多斑纹；白色眉纹清晰；胸部近白色具褐色斑纹；腹部白色无斑纹；背部棕褐色具黑色杂斑。非繁殖羽背部、两翼灰褐色。幼鸟背部羽缘浅色，跗跖偏黄色；飞行时趾略伸出尾后，灰色条纹纵贯腰中部，两侧白色，尾羽末端灰色。虹膜深褐色；喙端黑色，喙基青绿色；跗跖青绿色。

栖息环境：栖息于沿海或内陆淡水与盐水湖泊、河流、水塘和泽沼地带。

食　　性：主要以昆虫、甲壳类、软体动物为食。

习　　性：单独或结群活动，常与其他涉禽混群；不羞怯，站姿比其他滨鹬直。

082

尖尾滨鹬
Calidris acuminata
Sharp-tailed Sandpiper

别　　名	尖尾鹬
居留类型	旅鸟
保护等级	浙江省一般保护动物
濒危等级	中国生物多样性红色名录：无危（LC） IUCN：无危（LC）

分　　布：繁殖于西伯利亚东部的极北地区，越冬于澳新界。在中国见于中部和东部地区，仅于台湾为冬候鸟，于其余各地为旅鸟。

形　　态：较小型鸻鹬类。雌雄相似，整体灰褐色，喙短。成鸟繁殖羽头顶棕红色具深褐色斑纹，眉纹白色，胸部、腹部偏白色具明显的三角形斑纹，背部褐色具棕色斑纹。成鸟非繁殖羽整体偏灰色，腹部白色少斑纹。飞行时可见黑色条纹纵贯腰中部，两侧白色。虹膜深褐色；喙端黑色，喙基黄色；跗跖青绿色。

栖息环境：栖息于湖泊、水塘、农田、溪流岸边和附近的沼泽地带。

食　　性：主要以昆虫、甲壳类、软体动物为食。

习　　性：常单独或成小群活动，在食物丰富的觅食地，也常集成大群。

083

阔嘴鹬
Calidris falcinellus
Broad-billed Sandpiper

别　　名	宽嘴鹬
居留类型	旅鸟
保护等级	国家二级重点保护野生动物
濒危等级	中国生物多样性红色名录：无危（LC） IUCN：无危（LC）

分　　布： 繁殖于欧亚大陆北极圈附近，越冬于东亚、东南亚和大洋洲。在中国亚种*C. f. falcinellus*迁徙新疆、亚种*C. f. sibirica*经过东北及东部沿海地区，包括海南和台湾。

形　　态： 较小型而喙下弯的鸻鹬类。喙部长而宽，尖端略向下弯。成鸟繁殖羽眼上具两道白色眉纹，其中上道较细，下道较粗，二者在眼前合二为一，并沿眼先延伸到喙基；翼角常具明显的黑色块斑。雌鸟体形比雄鸟略大，上体具灰褐色纵纹；下体白色，胸具细纹；腰及尾的中心部位黑色而两侧白色，中央一对尾羽黑褐色，其余尾羽淡灰色。虹膜褐色；喙黑色；跗跖绿褐色。

栖息环境： 在亚北极地区繁殖，迁徙时偏爱池塘和湖泊的泥地，也包括海岸、河口等各种咸水滩涂以及盐池等。

食　　性： 主要以昆虫、甲壳类、软体动物为食。

习　　性： 性孤僻，喜潮湿的沿海泥滩、沙滩及沼泽地区。

084

弯嘴滨鹬
Calidris ferruginea
Curlew Sandpiper

别　　名	浒鹬
居留类型	旅鸟
保护等级	浙江省一般保护动物
濒危等级	中国生物多样性红色名录：无危（LC） IUCN：近危（NT）

分　　布：繁殖于西伯利亚的极北部，越冬于非洲南部、亚洲南部沿海和澳大利亚。在中国除贵州外，见于各省，包括台湾。

形　　态：较小型鸻鹬类。雌雄相似，黑色喙长而下弯。成鸟繁殖羽头部、胸部、腹部栗红色；背部红褐色具黑色斑纹。非繁殖羽眉纹白色，颈部两侧具不明显灰色斑块，胸部、腹部白色无斑纹；背部灰色。飞行时腰白色。虹膜深褐色；喙黑色，跗跖黑色。

栖息环境：栖息于沼泽、泥滩、稻田、苇塘和鱼塘。

食　　性：主要以昆虫、甲壳类、软体动物为食。

习　　性：常成群在水边沙滩、泥地和浅水处活动和觅食。也常与其他鹬混群。

085

黑腹滨鹬
Calidris alpina
Dunlin

别　　名	滨鹬
居留类型	冬候鸟
保护等级	浙江省一般保护动物
濒危等级	中国生物多样性红色名录：无危（LC） IUCN：无危（LC）

分　　布：繁殖于环北极地区，在北半球中低纬度沿海地区越冬。在中国分布于长江中下游、东部沿海、台湾等地；迁徙季节见于东北、西北及东南地区。

形　　态：较小型鸻鹬类。雌雄相似；喙较长且近端部向下弯曲。成鸟繁殖羽颊、胸有暗色细纵纹、眉纹白色；腹部具明显黑色斑块，背部灰色具栗色斑纹。非繁殖羽头顶、背部浅灰色，胸部、腹部白色无斑纹；飞行时可见黑色条纹纵贯腰中部，两侧白色。虹膜褐色；喙黑色；跗跖绿灰色。

栖息环境：栖息于湖泊、河流、水塘、河口等水域岸边和附近沼泽与草地上。

食　　性：主要以昆虫、甲壳类、软体动物为食。

习　　性：有群聚性，喜集群活动，可达千只以上，并常与其他涉禽类混群觅食。

086

红颈瓣蹼鹬
Phalaropus lobatus
Red-necked Phalarope

别　　名	红领瓣足鹬
居留类型	旅鸟
保护等级	浙江省一般保护动物
濒危等级	中国生物多样性红色名录：无危（LC） IUCN：无危（LC）

分　　布： 繁殖于欧亚大陆及环北极地区，在太平洋东部近岸、阿拉伯海及东南亚东部海域越冬。在中国迁徙季节见于新疆经青藏高原东部到云南和西藏，或经中部内陆湿地至南方及东北北部经东部沿海各地，包括海南、台湾。

形　　态： 较小型鸻鹬类。整体灰色，黑色喙细似针。繁殖羽雄鸟头顶灰色，颈部具棕红色条带，胸部略带灰色，腹部白色无斑纹，背部灰色具黄褐色斑纹。雌鸟似雄鸟，但头顶深灰色，颈部具栗色条带。非繁殖羽头部、胸部多白色；背部浅灰色。短腿常没于水下而不易见；飞行时可见灰色条纹纵贯腰中部，两侧白色。虹膜深褐色；喙黑色；跗跖灰色。

栖息环境： 栖息于近海的浅水处栖息和活动，也出现在大的内陆湖泊、河流、水库、沼泽及河口地带。

食　　性： 主要以昆虫、甲壳类、软体动物为食。

习　　性： 冬季在海上结大群，食物为浮游生物；甚不惧人，易于接近，有时到陆上的池塘或沿海滩涂取食。

别　名	土燕子、燕鸻	
居留类型	夏候鸟	
保护等级	浙江省一般保护动物	
濒危等级	中国生物多样性红色名录：无危（LC）	
	IUCN：无危（LC）	

087

普通燕鸻
Glareola maldivarum
Oriental Pratincole

鸻形目 CHARADRIIFORMES
燕鸻科 *Glareolidae*

分　　布：繁殖于东亚、东南亚及南亚，在东南亚南部至澳大利亚越冬。在中国除新疆、贵州外，见于各省，包括台湾。

形　　态：中型鸻鹬类。雌雄相似。成鸟繁殖羽整体棕褐色，喙短、黑色，基部红色。颔及喉皮黄色，具黑色领圈；背部、两翼褐色；胸部褐色，下腹白色。非繁殖羽，整体色淡，喙基无红色，黑色领圈不明显。停落时翅超过尾羽，黑色的尾叉形；飞行时翅下具棕色区域，翅后端深色。虹膜深褐色；跗跖黑色。

栖息环境：栖息于开阔草原、平原地区，湖泊、河流、水塘、农田、耕地和沼泽地带，也出现于水域附近的潮湿沙地或草地上。

食　　性：主要以昆虫、甲壳类、软体动物为食。

习　　性：形态优雅，常小群至大群活动，性喧闹，与其他涉禽混群，善走。

鸻形目 CHARADRIIFORMES 鸥科 Laridae

088

红嘴鸥
Chroicocephalus ridibundus
Black-headed Gull

别　名	赤嘴鸥
居留类型	冬候鸟
保护等级	浙江省一般保护动物
濒危等级	中国生物多样性红色名录：无危（LC） IUCN：无危（LC）

分　布： 广布于欧亚大陆。在中国见于各省，包括台湾。

形　态： 中型鸥类。雌雄相似。成鸟繁殖羽具有深巧克力色的头罩和白色眼圈；上体和翼上覆羽浅灰色，飞行时具有狭窄的黑色翼尖，翼前缘的外侧初级飞羽白色显著；下体和尾羽白色。成鸟非繁殖羽无头罩，头顶和眼后有深色污斑。幼鸟喙和跗跖橙黄色，上体、三级飞羽和翼上覆羽褐色，具有狭窄的黑色尾带。虹膜暗褐色；喙暗红色，非繁殖羽红色而端部黑色；跗跖暗红色。

栖息环境： 栖息于平原和低山丘陵地带的湖泊、河流、水库、河口、库塘、海滨和沿海沼泽地带。

食　性： 食性杂，食物组成随季节和环境而变化。

习　性： 在海上浮于水上或立于漂浮物或固定物上，或与其他海洋鸟类混群，在鱼群上作燕鸥样盘旋飞行。

089

黑嘴鸥
Saundersilarus saundersi
Saunders's Gull

别　　名	黑头鸥
居留类型	冬候鸟
保护等级	国家一级重点保护野生动物
濒危等级	中国生物多样性红色名录：易危（VU） IUCN：易危（VU）

分　　布： 分布于中国东部和东南部沿海，以及日本南部和朝鲜半岛沿海。在中国北部沿海繁殖，在南部沿海越冬。

形　　态： 小型鸥类。雌雄相似，喙短粗。成鸟繁殖羽具黑色头罩，白色眼圈较宽并在前方断开；上体和翼上覆羽浅灰色，飞行时黑色的初级飞羽末端具有一串白斑，外侧初级飞羽形成白色翼前缘，次级飞羽末端形成白色翼后缘；下体和尾羽白色。成鸟非繁殖羽无头罩，头顶和耳后具深灰色污斑。幼鸟头部污斑更显著，翼上覆羽、三级飞羽和初级飞羽末端褐色，

并具狭窄的黑色尾带，跗跖暗橙色。虹膜暗褐色；喙黑色；跗跖暗红色。

栖息环境： 栖息于沿海港湾、泥质滩涂、河口、江河和内陆的湖泊及沼泽地；冬季多见于潮间带泥质滩涂及碱蓬湿地。

食　　性： 主要以鱼类为食，也吃甲壳类、软体动物、小型啮齿动物。

习　　性： 常单独、成小群或与其他鸥类混群于滨海的潮间带觅食，也会尾随船只捡食船上丢弃的鱼类内脏。

鸥形目 CHARADRIIFORMES　鸥科 Laridae

090

黑尾鸥
Larus crassirostris
Black-tailed Gull

别　名	钓鱼郎
居留类型	冬候鸟
保护等级	浙江省重点保护野生动物
濒危等级	中国生物多样性红色名录：无危（LC） IUCN：无危（LC）

分　　布： 繁殖于亚洲东北部、东亚的近海岛屿，南迁越冬。在中国于东部和南部沿海地区以及海南和台湾常见。

形　　态： 中型鸥类。雌雄相似。成鸟繁殖羽上体和翼上覆羽深灰色，下体白色；停栖时三级飞羽具有新月状白斑，黑色初级飞羽有较小的白斑，飞行时翼尖黑色，翼后缘白色；尾羽白色并具宽阔的黑色次端斑横带。成鸟非繁殖羽在头部、枕部具深色污斑。虹膜黄色；喙黄色，喙端红色并具有黑色环带；跗跖黄色。

栖息环境： 栖息于沿海海岸沙滩以及邻近的湖泊、河流和内陆沼泽湿地。

食　　性： 主要以鱼类为食，也吃甲壳类、软体动物。

习　　性： 繁殖于多岩岛屿，松散群栖。

091

普通海鸥
Larus canus
Mew Gull

别　　名	海鸥
居留类型	冬候鸟
保护等级	浙江省一般保护动物
濒危等级	中国生物多样性红色名录：无危（LC） IUCN：无危（LC）

分　　布：繁殖于欧亚大陆和北美洲西北部。在中国亚种*L. c. kamtschatschensis*除宁夏、西藏外，见于各省，包括台湾；亚种*L. c. heinei*见于上海、香港。

形　　态：中型鸥类。雌雄相似。头部较圆，喙较纤细。成鸟繁殖羽上体和翼上覆羽灰色，停栖时三级飞羽形成明显的新月状白斑，飞行时最外侧初级飞羽色深并具白色翼镜；头、颈、下体和尾羽白色，背部青灰色。非繁殖羽头颈和两颊具有细碎纵纹或大片污斑。虹膜淡黄色至深褐色；喙绿色至黄色，下喙尖端具有深色斑点；跗跖黄绿色。

栖息环境：栖息于北极苔原、森林苔原、荒漠、草地等开阔地带的河流、湖泊、水塘和沼泽中；非繁殖期主要栖息于海岸、河口和港湾，迁徙期间也出现于大的内陆河流与湖泊中。

食　　性：主要以鱼类为食，也吃甲壳类、软体动物。

习　　性：结群繁殖于淡水生境。

鸻形目 CHARADRIIFORMES

鸥科 Laridae

092

西伯利亚银鸥
Larus smithsonianus
Siberian Gull

别　　名	银鸥
居留类型	冬候鸟
保护等级	浙江省一般保护动物
濒危等级	中国生物多样性红色名录：无危（LC） IUCN：无危（LC）

分　　布：繁殖于亚洲东北部，越冬于东亚沿海地区。在中国亚种*L. s. vegae*除宁夏、西藏、青海外，见于各省，包括台湾；亚种*L. s. mongolicus*见于山东到广东的东部沿海，以及内蒙古北部、宁夏、湖北。

形　　态：大型鸥类。雌雄相似。头和喙强壮，喙粗大，头颈全年几乎全白。背和翼银灰色，初级飞羽尖端黑褐色，并有白色斑，其余皆白色；非繁殖羽后颈和胸侧具有暗色纵纹和污斑，个体差异较大。虹膜黄褐色；喙黄色，下喙近先端具较大的红斑；跗跖粉红色。

栖息环境：栖息于苔原、荒漠和草地上的河流、湖泊、沼泽、内陆河流与湖泊。

食　　性：主要以鱼类、水生无脊椎动物为食，也吃腐尸。

习　　性：常成对或成小群活动在水面上，或不断在水面上空飞翔。

093

灰背鸥
Larus schistisagus
Slaty-backed Gull

别　　名	灰背海鸥
居留类型	冬候鸟
保护等级	浙江省一般保护动物
濒危等级	中国生物多样性红色名录：无危（LC） IUCN：无危（LC）

分　　布：繁殖于东北亚沿海地区，越冬至日本、朝鲜和中国。在中国东部及东南沿海越冬，迁徙经过东北地区。

形　　态：大型鸥类。雌雄相似。体形粗壮，头大而笨重，喙粗大，两翼较宽，跗跖短。成鸟繁殖羽上体和翼上颜色较其他鸥类深，停栖时三级飞羽形成明显的新月状白斑；飞行时可见外侧初级飞羽内翈具有一连串明显的白斑，并具有1～2枚翼镜，内侧初级飞羽和次级飞羽形成显著白色翼后缘。成鸟非繁殖羽头颈部具有褐色纵纹。幼鸟喙黑色，基部逐渐变淡，虹膜色深，体羽颜色较深，随换羽变浅。虹膜黄色；喙黄色，下喙端具红斑；跗跖暗粉色。

栖息环境：栖息于海滨沙滩，岩石海岸、岛屿及河口地带，迁徙期间也见于内陆河流与湖泊。

食　　性：食性杂，食物组成随季节和环境而变化。

习　　性：成对或成小群活动，非繁殖期有时也集成大群。

094

鸥嘴噪鸥
Gelochelidon nilotica
Gull-billed Tern

别　　名	鸥嘴燕鸥
居留类型	留鸟
保护等级	浙江省一般保护动物
濒危等级	中国生物多样性红色名录：无危（LC） IUCN：无危（LC）

分　　布：广泛分布于世界各地，通常活动于海边。在中国西北北部和渤海湾及东北局部地区为夏候鸟，于东北至华南地区、台湾和海南过境，越冬时见于东南沿海地区。

形　　态：中型燕鸥类。雌雄相似。喙粗壮并在下喙底部有折角。成鸟繁殖羽前额至枕部黑色，上体和翼上覆羽浅灰色，初级飞羽深灰色，形成深色的翼后缘；下体、尾上覆羽和尾羽白色，尾浅叉状。成鸟非繁殖羽上体颜色较浅，头部白色但眼后有暗色污斑。幼鸟头顶、后颈和翼上覆羽具浅褐色斑纹。虹膜黑色；喙黑色；跗跖黑色。

栖息环境：栖息于海岸、内陆淡水或咸水湖泊、河流与沼泽地带。

食　　性：主要以昆虫、鱼类、甲壳类、软体动物为食。

习　　性：徘徊飞行，取食时通常轻掠水面或淤泥地觅食，少潜水。

095

红嘴巨燕鸥
Hydroprogne caspia
Caspian Tern

别　　名	红嘴巨鸥、里海燕鸥
居留类型	夏候鸟
保护等级	浙江省一般保护动物
濒危等级	中国生物多样性红色名录：无危（LC） IUCN：无危（LC）

分　　布： 广泛分布于除南美洲和南极洲外各大洲。在中国繁殖于东北至华东地区，南迁越冬，见于东部沿海大部分地区，包括台湾和海南。

形　　态： 特大型燕鸥类。雌雄相似。庞大的体形和巨大的红色喙特征显著。成鸟繁殖羽额至头后黑色，上体和翼上覆羽浅灰色，初级飞羽近黑色，停栖时延伸超过尾羽，尾短而具浅叉。成鸟非繁殖羽头顶白色而具黑色细纹。幼鸟喙暗橙色，头顶不及成鸟色深，背羽和覆羽具有模糊的鳞状斑。虹膜黑色；喙鲜红色，尖端黑色；跗跖黑色。

栖息环境： 栖息和繁殖于沿海海岸、内陆河口、湖泊等水域。

食　　性： 主要以鱼类为食，也吃甲壳类、软体动物。

习　　性： 常单独或成小群活动，喜在水面低飞，飞行敏捷而有力。

096

大凤头燕鸥
Thalasseus bergii
Greater Crested Tern

别　　名	凤头燕鸥
居留类型	夏候鸟
保护等级	国家二级重点保护野生动物
濒危等级	中国生物多样性红色名录：近危（NT） IUCN：无危（LC）

分　　布： 分布于非洲、亚洲南部、东南亚、澳洲及中国沿海海域和海岛上。在中国见于上海、浙江、福建、广东、香港、广西、海南、台湾。

形　　态： 特大型燕鸥类。雌雄相似。成鸟繁殖羽前额白色，具黑色羽冠；上体和翼上覆羽暗灰色。成鸟初级飞羽近黑色，停栖时末端超过尾羽；尾短开叉深，尾羽灰色，外侧尾羽白色。非繁殖羽头顶前半部分白色夹杂暗色斑块，黑色羽冠范围变小。虹膜黑色；喙黄至黄绿色；跗跖黑色。

栖息环境： 栖息活动于热带、亚热带沿海河口港湾、岛屿大型湖泊等处。

食　　性： 主要以鱼类为食，也吃甲壳类、软体动物。

习　　性： 集群性鸟类，有时与其他燕鸥混群；飞翔能力较强，也能漂浮在海面上休息，入水动作笨拙。

097

普通燕鸥
Sterna hirundo
Common Tern

别　名	燕鸥
居留类型	旅鸟
保护等级	浙江省一般保护动物
濒危等级	中国生物多样性红色名录：无危（LC） IUCN：无危（LC）

分　布：广泛分布于世界各地，在中国亚种*S. h. hirundo*见于中国西部、江西、上海；亚种*S. h. tibetana*繁殖于青藏高原；亚种*S. h. lonipennis*见于东部各地。

形　态：中型燕鸥类。雌雄相似。成鸟繁殖羽前额至头后黑色，上体和翼上覆羽灰色，初级飞羽暗灰色，羽轴白色，最外侧5枚初级飞羽外围深灰色，停栖时翼尖与尾尖等长；下体白色略带灰色，尾羽白色，外侧尾羽外翈深灰色而延长，呈深叉状。成鸟非繁殖羽前额白色，头顶具白色纵纹，翼前缘色深。虹膜褐色；喙（冬季）黑色，喙基红色（夏季）；跗跖偏红色，冬季色较暗。

栖息环境：栖息于平原、草地、荒漠中的湖泊、河流、水塘和沼泽地带。

食　性：主要以昆虫、鱼类、甲壳类、软体动物为食。

习　性：常集群在空中不停地飞舞、滑翔，或与其他鸥类混群活动。

098

褐翅燕鸥
Onychoprion anaethetus
Bridled Tern

别　　名	白眉燕鸥
居留类型	夏候鸟
保护等级	浙江省重点保护野生动物
濒危等级	中国生物多样性红色名录：无危（LC） IUCN：无危（LC）

分　　布：广泛分布于非洲、中亚、东南亚、中美洲和澳大利亚以北的热带海域。在中国见于浙江、福建、广东、香港、广西、海南、台湾。

形　　态：中型燕鸥类。雌雄相似。成鸟繁殖羽头顶、头后和贯眼纹黑色，前额白色延伸形成白色眉纹，颊部、颈部和下体白色；上体和翼上覆羽灰褐色，翼前缘白色，末端深色，停栖时不超过尾羽；腰羽和尾羽的中部深灰色，外侧白色，尾深叉状。成鸟非繁殖羽前额白色区域变大，停栖时翼尖超过尾羽。幼鸟耳羽和枕部灰褐色，上体灰褐色，具明显的鳞状斑。虹膜黑色；喙黑色；跗跖黑色。

栖息环境：栖息于海岸、海洋和海中岛屿悬崖峭壁上。

食　　性：主要以昆虫、鱼类、甲壳类、软体动物为食。

习　　性：栖于外海，仅在恶劣天气或繁殖季节才靠近海岸；常单独或成小群活动，不善潜水。

099

灰翅浮鸥
Chlidonias hybrida
Whiskered Tern

别　　名	须浮鸥
居留类型	夏候鸟
保护等级	浙江省一般保护动物
濒危等级	中国生物多样性红色名录：无危（LC） IUCN：无危（LC）

分　　布：广泛分布于欧亚大陆中部和南部，以及非洲和澳大利亚。在中国除西藏、贵州外，见于各省，包括台湾。

形　　态：小型燕鸥类。雌雄相似。成鸟繁殖羽前额至枕部黑色，脸颊白色，背部、腰部和尾羽灰色，翼上覆羽浅灰色，翼尖黑色，停栖时初级飞羽超过尾端；翼下覆羽浅灰色，下体深灰色，仅喉部和颈侧白色。成鸟非繁殖羽喙黑色，头颈和下体近白色，眼后至枕部具深色斑。幼鸟类似非繁殖羽，但背羽和覆羽具深棕色鳞状斑。虹膜深褐色；喙暗血红色；跗跖血红色。

栖息环境：栖息于开阔平原湖泊、河口、水库、农田和附近沼泽地带。

食　　性：食性杂，食物组成随季节和环境而变化。

习　　性：常结群几十只或数百只飞行，轻快敏捷地巡弋于水面上。

100

白翅浮鸥
Chlidonias leucopterus
White-winged Tern

别　　名	白翅黑浮鸥
居留类型	冬候鸟
保护等级	浙江省一般保护动物
濒危等级	中国生物多样性红色名录：无危（LC） IUCN：无危（LC）

分　　布：欧亚大陆广布，越冬于非洲、南亚、东南亚和澳大利亚。在中国见于各省，包括台湾。

形　　态：小型燕鸥类。雌雄相似。成鸟繁殖羽头颈和下体前半部黑色，上体深灰色，腰羽、尾羽和尾下覆羽白色；两翼灰色，小覆羽和中覆羽白色，初级飞羽末端黑色，停栖时初级飞羽超过尾端；翼下覆羽黑色，与飞羽对比明显。成鸟非繁殖羽头、颈、胸以下皆白色，头顶与后头有黑斑。喙黑色，跗跖暗红色；

栖息环境：栖息于内陆河流、湖泊、沼泽、河口和附近沼泽与水塘中。

食　　性：主要以昆虫、鱼类、甲壳类、软体动物为食。

习　　性：常成群活动，多在水面低空飞行，觅食时身体停浮于空中观察，休息时多停栖于水中石头、电柱、木桩上或地上。

101

红喉潜鸟
Gavia stellata
Red-throated Diver

别　　名	红喉水鸟
居留类型	冬候鸟
保护等级	浙江省一般保护动物
濒危等级	中国生物多样性红色名录：无危（LC） IUCN：无危（LC）

分　　布：繁殖于亚欧大陆、北美大陆北纬50度以北的北极区海域，冬季南迁至沿海地带。在中国为迁徙过境鸟或冬候鸟，冬季见于北至黑龙江，南至台湾、广东沿海一带，在黑龙江或有繁殖。

形　　态：中型潜鸟类。雌雄相似。喙细长而略微上翘，背部白色点斑显著。成鸟繁殖羽头、脸、颈灰色，肩部有黑白夹杂的细条纹，喉部具栗红色斑块，下胸至腹部白色，背部黑褐色，间有白色细斑，胁部有暗色斑纹。成鸟非繁殖羽整体呈灰白两色，喉部无栗红色，脸部、颈部白色。虹膜红色；喙绿黑色；跗跖黑色。

栖息环境：栖息于沿海海湾、河口或海岸附近的池塘、湖泊和水库。

食　　性：主要以小型鱼类为食，也吃甲壳类和软体动物。

习　　性：常成对或成小群活动，善游泳和潜水，不擅行走。

鹳形目 CICONIIFORMES

鹳科 Ciconiidae

102

黑鹳
Ciconia nigra
Black Stork

别　名	黑老鹳
居留类型	冬候鸟
保护等级	国家一级重点保护野生动物
濒危等级	中国生物多样性红色名录：易危（VU） IUCN：无危（LC）

分　布： 繁殖期广泛分布于欧亚大陆中北部，越冬期分布于非洲中部和东部、南亚次大陆北部、中南半岛北部和中国东南部等地区。在中国除西藏外，见于各省，包括台湾。

形　态： 大型鹳类。雌雄相似。成鸟头、颈、背、翼及尾呈黑色，具绿紫色光泽，眼周裸皮红色；下体羽大部分为白色，前颈基部羽毛略有延长，飞行、停歇时与体羽其余白色部分形成对比。虹膜褐色；喙红色；跗跖红色。

栖息环境： 繁殖期主要栖息于山地峭壁及深沟土崖上栖居；非繁殖期主要栖息于平原和开阔水域湿地，也见于河川、湖泊、水田、池沼等湿地的浅滩地带。

食　性： 主要以鱼类为食，也吃昆虫、小型陆生脊椎动物。

习　性： 非繁殖期大多单独活动，觅食于湿地的浅滩地带，夜晚在树上栖息。

103

东方白鹳
Ciconia boyciana
Oriental Stork

鹳形目 CICONIIFORMES

鹳科 Ciconiidae

别　名	老鹳
居留类型	冬候鸟
保护等级	国家一级重点保护野生动物
濒危等级	中国生物多样性红色名录：濒危（EN） IUCN：濒危（EN）

分　　布：繁殖于东北亚，越冬于东亚。在中国繁殖于东北至华中，越冬于长江中下游地区，偶至西南、华南和台湾。

形　　态：大型鹳类。雌雄相似。成鸟喙黑色粗壮，眼周裸皮红色；体羽大部分为白色，前颈基部羽毛略有延长，两翼飞羽、初级覆羽和大覆羽黑色，略具金属光泽，飞行、停歇时与体羽其余白色部分形成对比。虹膜黄白色；跗跖红色。

栖息环境：多见于沼泽、湖泊及水产养殖塘的浅水区，繁殖期在树上营巢。

食　　性：主要以鱼类为主，也吃昆虫、小型陆生脊椎动物。

习　　性：非繁殖期常成群活动，特别是在迁徙季节，常集大群。

104

褐鲣鸟
Sula leucogaster
Brown Booby

别　　名	白腹鲣鸟
居留类型	冬候鸟
保护等级	国家二级重点保护野生动物
濒危等级	中国生物多样性红色名录：无危（LC） IUCN：无危（LC）

分　　布：广布于热带海域，于海岛上繁殖。在中国繁殖于西沙群岛，见于山东北部、南至海南和台湾等地。

形　　态：大型鲣鸟类。雌雄相似。成鸟头部、颈部、胸部和整个上体深褐色，腹部、翼下覆羽及尾下覆羽白色；脸上皮肤裸露，雌鸟橙黄色，雄鸟淡蓝色。幼鸟上体黑色，于成鸟的白色部分有褐色斑点。虹膜灰色；喙成鸟黄色，幼鸟灰色；跗跖黄绿色。

栖息环境：栖息于热带、亚热带和温带海洋中的岛屿和海岸，有时也出现于海湾、港口及河口地带。

食　　性：主要以鱼类为主。

习　　性：常成群生活，飞翔能力很强，也善于游泳和潜水，性情较为大胆，叫声响亮而粗犷。

105

普通鸬鹚
Phalacrocorax carbo
Great Cormorant

别　　名	鱼鹰
居留类型	冬候鸟
保护等级	浙江省一般保护动物
濒危等级	中国生物多样性红色名录：无危（LC） IUCN：无危（LC）

分　　布：分布于欧洲、亚洲、非洲、北美等地区。在中国分布广泛。

形　　态：大型鸬鹚类。雌雄相似。喙厚重，脸颊及喉白色。成鸟繁殖羽头部、颈部和羽冠青绿色，具显著的白色丝状羽，黄色喙基裸皮形较钝；胸部、腹部青绿色；背部、两翼铜褐色，羽缘暗褐色；胁部具白色斑块；青色尾羽较短，为圆形。成鸟非繁殖羽头部、颈部无白色丝状羽，两胁无白色斑块。虹膜绿色；喙黑色，下喙基裸露皮肤黄色；跗跖黑色。

栖息环境：栖息于河流、湖泊、池塘、水库、河口及其沼泽地带。

食　　性：主要以鱼类为食。

习　　性：常成小群活动。善游泳和潜水。

106

绿背鸬鹚
Phalacrocorax capillatus
Japanese Cormorant

别　　名	斑头鸬鹚、暗绿背鸬鹚
居留类型	冬候鸟
保护等级	浙江省一般保护动物
濒危等级	中国生物多样性红色名录：无危（LC） IUCN：无危（LC）

分　　布：分布于西北太平洋沿岸，北至萨哈林岛。在中国分布于东北、华北、华东、福建、台湾等地。

形　　态：大型鸬鹚类。雌雄相似。似普通鸬鹚但两翼及背部具偏绿色光泽；成鸟繁殖羽头、颈绿色具光泽，头侧具显著的白色丝状羽，脸部白色块斑比普通鸬鹚大，喙基黄色裸皮形状较普通鸬鹚尖锐；成鸟非繁殖羽黑褐色，额及喉白色；喙基裸露皮肤黄色；幼鸟胸部色浅。虹膜绿色；喙黄色；跗跖灰黑色。

栖息环境：栖息于东太平洋温带海洋沿岸和邻近岛屿及海岸上，冬季和迁徙期间也见于河口及邻近的内陆湖泊。

食　　性：主要以鱼类为食。

习　　性：多数为留居型鸟类，在最北部繁殖的种群冬季也多在繁殖地附近不冻的海域越冬。也有少数往更南的海域迁徙或游荡。性喜集群。

107

白琵鹭
Platalea leucorodia
Eurasian Spoonbill

别　　名	琵琶鹭
居留类型	冬候鸟
保护等级	国家二级重点保护野生动物
濒危等级	中国生物多样性红色名录：近危（NT） IUCN：无危（LC）

鹈形目 PELECANIFORMES

鹮科 Threskiornithidae

分　　布：分布于欧亚大陆北部，越冬于亚洲南部、印度和北非。在中国见于各省，包括台湾。

形　　态：大型琵鹭类。雌雄相似。喙长而直，上下扁平，先端成匙状，上喙具褶皱纹，纹路随年龄增长而增加。成鸟繁殖羽大致呈白色，眼至喙基具黑线连接，后枕部具橙黄色丝状冠羽，颈下具橙黄色颈环，胸略带黄色。成鸟非繁殖羽黄色褪去，后枕部无羽冠。幼鸟喙大部分为粉褐色，上喙褶皱纹少或无，飞行时可见初级飞羽端部黑色。虹膜红色或黄色；喙灰色，喙端黄色；跗跖近黑色。

栖息环境：多见于水浅且开阔的河流、湖泊、水库岸边等湿地，也见于芦苇沼泽湿地、沿海沼泽、海岸、河口等各类生境。

食　　性：主要以鱼类、虾类为食。

习　　性：常成群活动，偶尔单只活动。休息时常在水边呈"一"字形散开，长时间站立不动，飞行时头颈向前伸直，两脚伸向后方。

108

黑脸琵鹭
Platalea minor
Black-faced Spoonbill

别　　名	黑面琵鹭
居留类型	冬候鸟
保护等级	国家一级重点保护野生动物
濒危等级	中国生物多样性红色名录：濒危（EN） IUCN：濒危（EN）

分　　布：国外见于俄罗斯东北部、日本、朝鲜、韩国和越南等地，繁殖于朝鲜半岛。在中国繁殖于大连的部分岛屿，分布于东部、东南部和南部的大部分地区。

形　　态：大型琵鹭类。雌雄相似。体形比白琵鹭小；喙长而直，上下扁平，先端成匙状；成鸟繁殖羽大部分呈白色，眼先至前额基部裸皮黑色，穗状羽冠黄色，胸淡黄色；成鸟非繁殖羽黄色褪去，头后无羽冠。幼鸟喙大致为粉褐色，飞行时可见初级飞羽端部黑色。虹膜褐色；喙深灰色；跗跖较长，裸出；跗跖黑色。

栖息环境：栖息活动于内陆湖泊、水塘、河口、芦苇沼泽、水稻田、沿海及其岛屿和海边芦苇沼泽地带。

食　　性：主要以鱼类、虾类为食。

习　　性：习性类似白琵鹭，迁徙时也常与其混群活动，较白琵鹭更喜咸水环境。

109

大麻鳽
Botaurus stellaris
Eurasian Bittern

别　　名	大麻鹭
居留类型	冬候鸟
保护等级	浙江省一般保护动物
濒危等级	中国生物多样性红色名录：无危（LC） IUCN：无危（LC）

分　　布：分布于欧亚大陆及非洲。在中国除西藏、青海外，见于各省，包括台湾。

形　　态：大型鹭类。雌雄相似，体形粗壮。成鸟前额至顶冠黑色，头侧金色，其余体羽多具黑色纵纹及杂斑；颏、喉白色，前颈、胸部至腹部淡黄白色，具暗褐色纵纹。幼鸟似成鸟，但头顶黑色部分较淡。虹膜黄色；喙黄色；跗跖绿黄色。

栖息环境：栖息于山地丘陵和山脚平原地带的河流、湖泊、池塘边的芦苇丛、草丛和灌丛、沼泽和湿草地等环境。

食　　性：主要以鱼类、昆虫为食，也吃小型无脊椎动物。

习　　性：性隐蔽，喜高芦苇，有时被发现时就地凝神不动，喙垂直上指。

鹈形目 PELECANIFORMES
鹭科 Ardeidae

110

黄斑苇鳽
Ixobrychus sinensis
Yellow Bittern

别　　名	黄苇鳽、小黄鹭
居留类型	夏候鸟
保护等级	浙江省一般保护动物
濒危等级	中国生物多样性红色名录：无危（LC） IUCN：无危（LC）

分　　布：广布于欧亚大陆及非洲北部。在中国除青海、新疆、西藏外，各地均有分布。

形　　态：中型鹭类。雄鸟头顶黑色，上体淡黄褐色，但尾羽呈黑色，两翼飞羽和初级覆羽黑色，其余翼上覆羽与背部同为黄褐色；下体淡黄白色，前颈至胸部具模糊的褐色纵纹（部分个体无纵纹）。雌鸟似雄鸟，颈部至胸部的纵纹较雄鸟清晰。虹膜黄色；眼周裸露皮肤黄绿色；喙绿褐色；跗跖黄绿色。

栖息环境：栖息于平原和低山丘陵地带富有水边植物的开阔水域中。

食　　性：主要以鱼类、昆虫为食，也吃小型无脊椎动物。

习　　性：性甚机警，常单独或成对活动，多在清晨和傍晚活动。

111

紫背苇鳽
Ixobrychus eurhythmus
Von Schrenck's Bittern

别　　名	秋小鹭
居留类型	夏候鸟
保护等级	浙江省一般保护动物
濒危等级	中国生物多样性红色名录：无危（LC） IUCN：无危（LC）

分　　布：繁殖于东亚，越冬于东南亚。在中国分布于东部及长江中下游地区均有繁殖，迁徙期见于台湾和海南。

形　　态：小型鹭类。雄鸟头顶至枕部黑色，头侧、颈后至背部为紫红色，腰和尾上覆羽灰褐色，尾羽黑色；两翼飞羽灰黑色，翼上覆羽灰黄色或土黄色；额、喉至前颈为灰白色或淡黄色，喉及胸有深色纵纹形成的中线；下体余部淡黄白色。雌鸟上体及翼上覆羽均为栗色，且密布白色斑点，背部略带紫色；下体具显著的栗褐色纵纹；幼鸟似雌鸟，但背部为深褐色，两翼翼上覆羽为黄褐色，飞羽具淡色羽缘。虹膜黄色；喙绿黄色；跗跖绿色。

栖息环境：栖息于开阔平原草地上富有岸边植物的河流、干湿草地、水塘和沼泽地上。

食　　性：主要以鱼类、昆虫为食，也吃小型无脊椎动物。

习　　性：性较孤寂而谨慎，常单独活动，偶尔也见成对和成小群活动；通常在晨昏活动，但休息时多隐藏在芦苇丛或灌丛中。

鹈形目 PELECANIFORMES

鹭科 Ardeidae

112

黑苇鳽
Ixobrychus flavicollis
Black Bittern

别　　名	黑鳽
居留类型	夏候鸟
保护等级	浙江省一般保护动物
濒危等级	中国生物多样性红色名录：无危（LC） IUCN：无危（LC）

分　　布： 分布于东亚、南亚和东南亚。在中国广布于长江中下游地区及以南各地，包括台湾、海南。

形　　态： 中型鹭类。雄鸟头、枕、后颈及上体余部皆为黑色，两翼也为黑色，颈侧具一淡黄色斑块（部分个体不显著），喉、胸、腹部淡黄色，具密集的黑色纵纹。雌鸟整体偏褐色。幼鸟似雌鸟，但背部及两翼各羽具淡黄色羽缘。虹膜红色或褐色；喙黄褐色；跗跖黑褐色。

栖息环境： 栖息于森林及植物茂密的沼泽地，营巢于水上方或沼泽上方的密林植被中。

食　　性： 主要以鱼类、昆虫为食，也吃小型无脊椎动物。

习　　性： 性羞怯。多于晨昏或阴暗的天气活动。

113

夜鹭

Nycticorax nycticorax
Black-crowned Night Heron

别　　名	夜鹤
居留类型	留鸟
保护等级	浙江省一般保护动物
濒危等级	中国生物多样性红色名录：无危（LC） IUCN：无危（LC）

分　　布： 广泛分布于欧亚大陆、非洲大陆及美洲大陆。在中国分布于各省。

形　　态： 中型鹭类。雌雄相似。喙粗壮，虹膜红色显著。成鸟顶冠黑色、颈灰色，头后具细长的灰白色辫羽，颈短，背部蓝黑色，翅、腰和尾羽灰色；下体大致白色，颈侧、胸和两胁淡灰色。幼鸟喙黄绿色而先端黑色，虹膜黄色，眼先绿色；上体暗褐色，缀有大量白斑，下体白色而缀以褐色纵纹。

栖息环境： 栖息和活动于平原和低山丘陵地区的溪流、水塘、江河、沼泽和水田附近。

食　　性： 主要以鱼类、昆虫为食，也吃小型无脊椎动物。

习　　性： 夜行性。喜集群，常成小群于晨昏和夜间活动，白天集群隐藏于密林中僻静处，偶尔也见有单独活动和栖息的。

浙江省玉环漩门湾
国家湿地公园 鸟类

鹈形目 PELECANIFORMES
鹭科 Ardeidae

114

池鹭
Ardeola bacchus
Chinese Pond Heron

别　　名	红毛鹭
居留类型	留鸟
保护等级	浙江省一般保护动物
濒危等级	中国生物多样性红色名录：无危（LC） IUCN：无危（LC）

分　　布：分布于东亚至东南亚。在中国除黑龙江外，见于各省，包括台湾。

形　　态：小型鹭类。雌雄相似。成鸟繁殖羽头、颈皆为栗色，背部蓝灰色，两翼、尾羽及下体皆为白色。头后具延长的羽冠，颈基部和背部均呈披针形蓑羽延伸到尾，但背部蓑羽长度不超过尾端。成鸟非繁殖羽头部、颈部为淡黄白色，具深褐色纵纹，背部褐色；羽冠较短，颈部和背部无延长的饰羽。幼鸟似成鸟非繁殖羽。虹膜褐色；喙黄色（非繁殖羽）；跗跖绿灰色。

栖息环境：通常栖息于稻田、池塘、湖泊、水库和沼泽湿地等水域。

食　　性：主要以鱼类、昆虫为食，也吃小型无脊椎动物。

习　　性：常单独或成小群活动，有时也集成多达数十只的大群，性较大胆。

115

牛背鹭
Bubulcus ibis
Cattle Egret

别　　名	黄头鹭
居留类型	夏候鸟
保护等级	浙江省一般保护动物
濒危等级	中国生物多样性红色名录：无危（LC） IUCN：无危（LC）

分　　布：广布于除南极洲外的各大陆。在中国除宁夏和新疆外，见于各省，包括台湾。

形　　态：中型鹭类。雌雄相似。成鸟繁殖羽喙基粉红色，眼先黄绿色，头、颈皆为橙棕色，头后无辫状饰羽，颈基具下垂的蓑羽，背部具黄色的丝状延长饰羽一般不超过尾端，两翼及下体皆为白色，跗跖粉红色。成鸟非繁殖羽喙黄色，眼先黄色，全身皆为白色，无延长的饰羽，跗跖黑色。幼鸟似成鸟非繁殖羽，但喙为黑色。

栖息环境：栖息于平原草地、牧场、湖泊、水库、山脚平原和低山水田、池塘、旱田和沼泽地上。

食　　性：主要以昆虫为食，也吃鱼类、小型水生动物。

习　　性：喜欢集小群活动。休息时喜欢站在树梢上，脖子缩成"S"形；经常与牛一起活动，性活跃而温驯，不甚怕人，活动时寂静无声。

116

苍鹭
Ardea cinerea
Grey Heron

别　　名	灰鹭、青桩
居留类型	留鸟
保护等级	浙江省一般保护动物
濒危等级	中国生物多样性红色名录：无危（LC） IUCN：无危（LC）

分　　布：广布于欧亚大陆至非洲大陆。在中国除新疆外，见于各省，包括台湾。

形　　态：大型鹭类。雌雄相似。头部羽色较淡，近白色，但头侧至枕部为黑色，具黑色且长的辫状羽，具黑色贯眼纹；前颈具稀疏的黑色细纵纹，颈下部羽毛延长、下垂至胸部，形成蓑羽；上体余部蓝灰色，两翼飞羽和初级覆羽近黑色，余部灰色，下体及尾羽皆为灰白色。虹膜黄色；喙黄绿色；跗跖偏黑色。

栖息环境：栖息于江河、溪流、湖泊、水塘、海岸等水域岸边及其浅水处，也见于沼泽、稻田、山地。

食　　性：主要以鱼类为食，也吃小型无脊椎动物。

习　　性：性孤僻，在浅水中捕食，冬季有时成大群，飞行时翼显沉重。

117

草鹭
Ardea purpurea
Purple Heron

别　名	紫鹭
居留类型	夏候鸟
保护等级	浙江省一般保护动物
濒危等级	中国生物多样性红色名录：无危（LC） IUCN：无危（LC）

分　布：广布于欧亚大陆南部及非洲大陆。在中国除新疆、西藏、青海外，见于各省，包括台湾。

形　态：大型鹭类。雌雄相似。成鸟颈细长，栗色，前额、头顶至枕部蓝黑色，枕部具黑色辫状羽，颊部具一条黑色条纹，颈侧也具一清晰的黑色纵纹延伸而下，前颈也可见断续而零散的黑色短纵纹；颈基部具蓝灰色蓑羽并垂至胸部；背、腰和覆羽灰色，飞羽黑色，其余体羽大多为红褐色；两肩、下背及颈基部有灰色或白色矛状饰羽。虹膜黄色；喙褐色；跗跖红褐色。

栖息环境：栖息于开阔平原和低山丘陵地带的湖泊、河流、沼泽、水库和水塘岸边及其浅水处。

食　性：主要以鱼类、昆虫为食，也吃小型无脊椎动物。

习　性：性孤僻，常单独在有芦苇的浅水中觅食；飞行时振翅缓慢而沉重，结大群营巢。

118

大白鹭
Ardea alba
Great Egret

别　　名	白鹤鹭、白桩
居留类型	夏候鸟
保护等级	浙江省一般保护动物
濒危等级	中国生物多样性红色名录：无危（LC） IUCN：无危（LC）

分　　布：分布遍及全球。在中国亚种*A. a. alba*繁殖于黑龙江、辽宁和新疆北部，迁徙西北、青藏高原和西南地区；亚种*A. a. modesta*繁殖于吉林、辽宁和内蒙古东部，迁徙经华北、华东、华中和西南地区，越冬于华南地区。

形　　态：大型鹭类。雌雄相似。成鸟体形较大，通体白色，繁殖羽喙呈黑色，眼先蓝绿色，背部具延长且下垂的丝状饰羽，前颈基部具较短的蓑羽。成鸟非繁殖羽喙黄色，眼先黄色或黄绿色，颈部及背部无丝状饰羽；喙裂较深，延伸至眼下后方；颈部较长，飞行时缩起，扭结似囊状，甚为显著。

栖息环境：栖息于开阔平原和山地丘陵地区的河流、湖泊、水田、海滨、河口及其沼泽地带。

食　　性：主要以鱼类、昆虫为食，也吃小型无脊椎动物。

习　　性：一般单独或成小群，在湿润的地带活动；站姿高直，飞行优雅，振翅缓慢有力。

119

中白鹭
Ardea intermedia
Intermediate Egret

别　　名	春锄
居留类型	夏候鸟
保护等级	浙江省一般保护动物
濒危等级	中国生物多样性红色名录：无危（LC） IUCN：无危（LC）

分　　布：广布于非洲、东亚、南亚、东南亚至大洋洲。在中国分布于华北及其以南地区，区域性常见。

形　　态：中型鹭类。雌雄相似。全身皆为白色。成鸟繁殖羽喙黑色，眼先黄色，背部具长的丝状饰羽，延伸可超过尾端，颈基部也有略微延长的饰羽垂下。成鸟非繁殖羽喙以黄色为主，喙尖端黑色，眼先黄色或黄绿色，背部及颈部均无延长的饰羽。虹膜黄色；跗跖黑色。

栖息环境：栖息和活动于河流、湖泊、沼泽、河口、海边和水塘岸边浅水处及河滩上，也常在沼泽和水稻田中活动。

食　　性：主要以鱼类、昆虫为食，也吃小型无脊椎动物。

习　　性：喜稻田、湖畔、沼泽地、红树林及沿海泥滩，与其他水鸟混群营巢。

120

白鹭
Egretta garzetta
Little Egret

别　　名	小白鹭
居留类型	留鸟
保护等级	浙江省一般保护动物
濒危等级	中国生物多样性红色名录：无危（LC） IUCN：无危（LC）

分　　布：广泛分布于非洲、欧亚大陆、大洋洲。在中国广布且常见于华北、华中及其以南的地区。

形　　态：中型鹭类。雌雄相似。成鸟繁殖羽眼先黄绿色，枕后具显著延长的辫状羽，前颈基部具延长的丝状饰羽，下垂至胸部，背部具显著延长的蓑羽，长度常超出尾端。非繁殖羽眼先为黄色或黄绿色，头部无辫状饰羽，颈部和背部也无延长的蓑羽。喙黑色；跗跖黑色，趾黄色。

栖息环境：栖息在各类湿地环境中。

食　　性：主要以鱼类食，也吃小型无脊椎动物。

习　　性：休息时通常单脚站立，脖子缩成"S"形，飞行时脖子也缩起成"S"形。

121

黄嘴白鹭
Egretta eulophotes
Chinese Egret

别　　名	唐白鹭
居留类型	夏候鸟
保护等级	国家一级重点保护野生动物
濒危等级	中国生物多样性红色名录：易危（VU） IUCN：易危（VU）

分　　布： 有限分布于东亚至东南亚的近海地区及海岛。在中国分布于东部至南部沿海，内陆也有少量记录。

形　　态： 中型鹭类。雌雄相似。全身体羽皆为白色。成鸟繁殖羽喙橙黄色，眼先裸露皮肤蓝色至青色，头后、前颈基部、背部具较长的丝状饰羽，跗跖黑色，趾黄色。成鸟非繁殖羽喙黑色但下喙基部黄色，眼先裸露皮肤黄色，腿颜色变浅，偏绿色，无明显延长的丝状饰羽。

栖息环境： 栖息于沿海岛屿、海岸、海湾、河口及其沿海附近的江河、湖泊、水塘、溪流、水稻田和沼泽地带。

食　　性： 主要以鱼类为食，也吃小型无脊椎动物。

习　　性： 似白鹭。

122

卷羽鹈鹕

Pelecanus crispus

Dalmatian Pelican

别　　名	灰鹈鹕
居留类型	冬候鸟
保护等级	国家一级重点保护野生动物
濒危等级	中国生物多样性红色名录：濒危（EN） IUCN：近危（NT）

分　　布：分布在欧洲、中亚和东亚。在中国分布的卷羽鹈鹕，繁殖地主要在蒙古国和新疆，越冬地主要在山东、江苏、浙江、福建、广东等东南沿海，而迁徙时经过河北、山西、新疆等地，台湾为迷鸟。

形　　态：大型鹈鹕类。雌雄羽色近似，雌鸟体形略小。成鸟体羽灰白色，虹膜浅黄色，喙直长而尖，下颌有橘黄色或淡黄色的喉囊，飞羽羽尖黑褐色。幼鸟覆羽偏褐色；头上冠羽呈卷曲状。虹膜浅黄色，眼周裸露皮肤粉红色；上喙灰色，下喙粉红；跗跖近灰色。

栖息环境：繁殖于内陆湖泊、江河和沼泽以及沿海地带等。迁徙和越冬期间喜沿海海面、海湾、河口、江河、湖泊和沼泽地带。

食　　性：主要以鱼类为食，也吃甲壳类、软体动物、两栖动物，甚至小型鸟类。

习　　性：喜欢采用“围剿”的方式捕鱼。

123

↑

鹗

Pandion haliaetus

Osprey

别　　名	鱼鹰、鱼雕
居留类型	留鸟
保护等级	国家二级重点保护野生动物
濒危等级	中国生物多样性红色名录：近危（NT） IUCN：无危（LC）

分　　布：广泛分布于除南极洲外各大洲，主要繁殖于北半球中高纬度地区。在中国分布于各省。

形　　态：较大型鹰类。雌雄相似，雌鸟体形略大于雄鸟。成鸟头顶、前额白色，黑色贯眼纹明显且延伸至枕部；胸部具褐色斑块，通常雌鸟褐色胸带较雄鸟显著，腹部白色无斑纹；翼展开时窄而长，翼下覆羽白色无斑纹，翼上、背部暗褐色；尾褐色相对较短。幼鸟似成鸟，但背部、翼羽具浅色羽缘。虹膜黄色；喙黑色，蜡膜灰色；裸露跗跖灰色。

栖息环境：栖息活动于水库、湖泊、溪流、河川、鱼塘、海边等水域环境。

食　　性：主要以鱼类为食。

习　　性：常单独或成对活动，迁徙期间也常集小群，性机警，叫声响亮。

124

黑翅鸢
Elanus caeruleus
Black-winged Kite

别　　名	灰鹞子
居留类型	留鸟
保护等级	国家二级重点保护野生动物
濒危等级	中国生物多样性红色名录：近危（NT） IUCN：无危（LC）

分　　布：分布于欧洲西南部、非洲、南亚及东亚南部等地区。在中国分布于华南、华东、西南等地区，偶有至华北地区。

形　　态：较小型鹰类。雌雄相似。成鸟脸颊白色，头顶、背、翼覆羽及尾基部灰色；胸部、腹部、尾羽白色；翼下近灰色，黑色初级飞羽显著。幼鸟似成鸟，但头部、胸部、翼上多带褐色，具浅色羽缘。虹膜红色；喙黑色，蜡膜黄色；跗跖黄色。

栖息环境：栖息于有树木和灌木的开阔原野、农田、疏林、湿地和草原地区。

食　　性：主要以小型哺乳类、鸟类为食。

习　　性：喜立在死树或电线桩上，也似红隼悬于空中。

125

白腹隼雕
Aquila fasciata
Bonelli's Eagle

别　　名	白腹山雕
居留类型	留鸟
保护等级	国家二级重点保护野生动物
濒危等级	中国生物多样性红色名录：易危（VU） IUCN：无危（LC）

分　　布：分布于欧洲南部、非洲北部、亚洲西部、南亚、东南亚等地区。在中国分布于西南、华南、华东等地区，偶有迷鸟至华北、东北地区。

形　　态：较大型鹰类。雌雄相似，翼较宽大，头较小。成鸟头部棕褐色，胸部、腹部白色具深色纵纹；背部、翼上棕褐色；翼下覆羽色深具浅色的前缘；尾羽灰色，尾下覆羽具深色横斑。幼鸟头部棕褐色；胸部棕褐色具黑色纵纹，腹部棕褐色少斑纹；翼下前端棕色；尾羽近灰色具较明显横斑。虹膜黄褐色；喙灰色，蜡膜黄色；跗跖黄色。

栖息环境：栖息于开阔生境中，从低山丘陵和山地森林均有分布，也常出现在山脚平原、沼泽、沿海滩涂，甚至半荒漠地区。

食　　性：主要以小型哺乳类、鸟类为食。

习　　性：飞翔时速度很快，性情较为大胆而凶猛，常单独活动，不善于鸣叫。

126

凤头鹰
Accipiter trivirgatus
Crested Goshawk

别　　名	凤头雀鹰
居留类型	留鸟
保护等级	国家二级重点保护野生动物
濒危等级	中国生物多样性红色名录：近危（NT） IUCN：无危（LC）

分　　布：分布于整个东洋界。在中国分布于长江流域及其以南地区，包括台湾、海南，迷鸟可至华北地区。

形　　态：中型鹰类。雌雄相似。成鸟头部灰色，头顶具较明显羽冠，喉部白色，具一道明显深色喉中线；胸部、腹部色浅，具较粗的棕褐色横纹；翼上、背部褐色；飞行时蓬松的白色尾下覆羽两侧明显可见。幼鸟整体为黄褐色，胸部、腹部具少量斑纹。虹膜褐色至成鸟的绿黄色；喙灰色，蜡膜黄色；跗跖黄色。

栖息环境：栖息于山地森林和山脚林缘地带，也到山脚平原和村庄附近活动。

食　　性：主要以小型哺乳类、鸟类、两栖爬行动物为食。

习　　性：栖于密林覆盖处。繁殖期常在森林上空翱翔，同时发出响亮叫声。

127

赤腹鹰
Accipiter soloensis
Chinese Sparrowhawk

别　　名	鸽子鹰
居留类型	夏候鸟
保护等级	国家二级重点保护野生动物
濒危等级	中国生物多样性红色名录：无危（LC） IUCN：无危（LC）

分　　布：繁殖于东亚，主要越冬于东南亚。在中国分布在长江流域及其以南地区，少数个体繁殖可至华北。

形　　态：小型鹰类。成鸟头灰色；胸部、腹部多橙红色；翼较尖，通常具4枚翼指，翼下色浅而少斑纹，与初级飞羽黑色羽端形成明显对比；翼上、背部灰色。雄鸟虹膜深色，腹部橙红色，喉白色，无喉线，少横斑。雌鸟虹膜黄色，腹部具不明显横斑。幼鸟整体褐色，胸部、腹部具较明显褐色斑纹；翼上、背部褐色，具浅色羽缘。喙灰色，端黑色，蜡膜橘黄色；跗跖橘黄色。

栖息环境：栖息于山地森林和林缘地带，也见于低山丘陵和山麓平原地带的小块丛林，农田地缘和村庄附近。

食　　性：主要以小型哺乳类、鸟类、两栖爬行动物为食。

习　　性：喜开阔林区。通常从栖处捕食，捕食动作快，有时在上空盘旋。

128

日本松雀鹰
Accipiter gularis
Japanese Sparrowhawk

别　　名	北方松雀鹰
居留类型	冬候鸟
保护等级	国家二级重点保护野生动物
濒危等级	中国生物多样性红色名录：无危（LC） IUCN：无危（LC）

分　　布：繁殖于东亚北部，在东亚南部至东南亚越冬。在中国繁殖于东北、华北地区，迁徙时经过华北、华东地区，多在长江中下游及以南地区，包括台湾和海南。

形　　态：小型鹰类。翼、尾相对较短。成鸟喉部白色具一道较窄的喉中线，翼指5枚形成短指突。雄鸟头灰色，虹膜红色；胸部、腹部绯红色，具细横斑；翼上、背部为深灰色。雌鸟个体较大，头褐色，虹膜黄色；胸部、腹部绯红色横斑较雄鸟明显；翼上、背部为褐色。幼鸟整体棕褐色，胸部、腹部具明显的棕褐色点状斑纹。喙蓝灰色，端黑色，蜡膜绿黄色；跗跖绿黄色。

栖息环境：栖息于山地针叶林和混交林中，也出现在林缘和疏林地带，喜欢出入于林中溪流和沟谷地带。

食　　性：主要以小型哺乳类、鸟类、两栖爬行类动物为食。

习　　性：多单独活动，常见栖息于林缘高大树木的顶枝上，也见在空中飞行，结群迁徙。

129

雀鹰
Accipiter nisus
Eurasian Sparrowhawk

别　　名	北雀鹰
居留类型	冬候鸟
保护等级	国家二级重点保护野生动物
濒危等级	中国生物多样性红色名录：无危（LC） IUCN：无危（LC）

分　　布：分布于欧亚大陆、非洲北部。在中国分布于各地。

形　　态：较小型鹰类。翼、尾相对较长。雄鸟头部、眼周、翼上、背部灰蓝色，有不明显的白色眉纹；脸颊棕红色，虹膜橙红色；喉白色，有多道细纹；胸部、腹部浅色，具较细的棕红色横纹。雌鸟较雄鸟大；头部棕褐色，具较明显白色眉纹，虹膜黄色；胸部、腹部浅色，具褐色横纹；翼上、背部褐色。幼鸟整体黄褐色，腹部具褐色点状斑纹。喙深灰色；跗跖黄色。

栖息环境：栖息于针叶林、混交林、阔叶林等山地森林和林缘地带、山脚平原、农田地边以及村庄附近。

食　　性：主要以中小型鸟类为食，也吃小型哺乳动物和昆虫。

习　　性：从栖处或"伏击"飞行中捕食，喜林缘或开阔林区。

130

苍鹰
Accipiter gentilis
Northern Goshawk

别　名	黄鹰
居留类型	冬候鸟
保护等级	国家二级重点保护野生动物
濒危等级	中国生物多样性红色名录：近危（NT） IUCN：无危（LC）

分　布：广泛分布于欧亚大陆及北美。在中国见于各省，包括台湾。

形　态：较大型鹰类。雌雄相似，个体较大，体形壮实。成鸟脸灰黑色，具显著白色眉纹，喉部白色，有黑色细纹，虹膜橙色；胸部、腹部较白，密布灰褐色浅淡横纹；翼下白色，具灰褐色横斑；翼上、背部苍灰色；尾下覆羽较白，少斑纹，尾羽灰色，具深色横纹，飞行时中央尾羽略突出。幼鸟整体皮黄色，腹部皮黄色，具明显深褐色纵纹。虹膜成鸟橙红色，幼鸟黄色；喙铅灰色；跗跖黄色。

栖息环境：栖息于山地疏林、林缘地带，也见于平原和丘陵地带的林内。

食　性：主要以中小型鸟类为食，也吃小型哺乳动物。

习　性：森林中肉食性猛禽。视觉敏锐，善于飞翔；白天活动，性机警，善隐藏；通常单独活动，叫声尖锐洪亮。

131

白腹鹞
Circus spilonotus
Eastern Marsh Harrier

别　　名	东方泽鹞
居留类型	冬候鸟
保护等级	国家二级重点保护野生动物
濒危等级	中国生物多样性红色名录：近危（NT） IUCN：无危（LC）

分　　布：分布于亚洲东部地区，繁殖于东亚北部地区，越冬于东亚中部至东南亚等地区。在中国见于各省，包括台湾。

形　　态：较大型的鹰类。体大而壮，喙部较大，雌雄体色不同。大陆型雄鸟全身大致为黑白两色，头部黑色或灰色；背部灰黑色；翼下、胸部、腹部为白色，翼下飞羽具深色横斑；腰色浅，尾上覆羽具深色杂斑。日本型雄鸟整体棕褐色；飞羽色浅，可见横斑；胸部、腹部棕色，具不明显的黄褐色纵纹，尾上覆羽白色不明显，中央尾羽灰色无斑纹。大陆型雌鸟整体黄褐色，似日本型雄鸟；但整体色浅，腹部纵纹明显，尾羽具较明显横斑。日本型雌鸟整体棕色，初级飞羽亮色，无斑纹，腹部棕色。虹膜雄鸟黄色，雌鸟及幼鸟浅褐色；喙灰色；跗跖黄色。

栖息环境：栖息活动于沼泽、芦苇塘、江河与湖泊沿岸等较潮湿而开阔的地方。

食　　性：主要以鸟类为食，也吃两栖爬行动物、小型哺乳动物和昆虫。

习　　性：白天活动，性机警，常单独或成对活动。多见在沼泽和芦苇上空低空飞行，两翅向上举成浅"V"字形。

132

白尾鹞
Circus cyaneus
Hen Harrier

别　　名	灰鹞、灰泽鵟
居留类型	冬候鸟
保护等级	国家二级重点保护野生动物
濒危等级	中国生物多样性红色名录：近危（NT） IUCN：无危（LC）

分　　布：繁殖于古北界北部，越冬于亚洲南部、南欧、北非、北美洲南部、中美洲。在中国见于各省，包括台湾。

形　　态：较大型鹰类。雄鸟整体灰色；头部、颈部、上胸灰色；虹膜黄色；下胸及腹部白色；翼下白色，外侧初级飞羽黑色；尾上覆羽、尾羽灰色。雌鸟整体棕褐色；耳部褐色较深；胸部、腹部为黄褐色，具明显棕色纵纹；翼下具明显横纹；尾褐色，有深色横纹；尾上覆羽白色明显。虹膜浅褐色；喙灰色；跗跖黄色。

栖息环境：通常栖息于原野、沼泽、湿地、农田等开阔生境。

食　　性：主要以鼠类、鸟类等小型脊椎动物为食，也吃昆虫。

习　　性：似白腹鹞。

133

鹊鹞
Circus melanoleucos
Pied Harrier

别　　名	花泽鵟
居留类型	冬候鸟
保护等级	国家二级重点保护野生动物
濒危等级	中国生物多样性红色名录：近危（NT） IUCN：无危（LC）

分　　布：繁殖于东北亚，越冬于亚洲南部。在中国除宁夏、新疆、西藏、青海、海南外，见于各省。

形　　态：较大型鹰类。雄鸟整体为黑白两色；头部、颈部、前胸均为黑色；翼上、翼下主要为白色，外侧初级飞羽黑色且范围较大，覆羽具黑色条带，与背部黑色部分形成三叉戟型斑纹；腹部、尾羽、尾上下覆羽白色。雌鸟整体棕褐色，胸部黄褐色具较明显棕色纵纹，尾上覆羽及腹部白色明显而少纵纹；翼下飞羽色浅，可见横斑。虹膜黄色；喙角质色；跗跖黄色。

栖息环境：栖息活动于开阔的低山丘陵、山脚平原、草地、旷野、湿地、林缘和林中路边灌丛。

食　　性：主要以鼠类、鸟类等小型脊椎动物为食，也吃昆虫。

习　　性：常单独活动，多在林边草地和灌丛上空低空飞行，飞行时两翅上举成"V"字形；上午和黄昏时为活动的高峰期，夜间在草丛中休息。

134

黑鸢
Milvus migrans
Black Kite

别　　名	黑耳鸢	
居留类型	留鸟	
保护等级	国家二级重点保护野生动物	
濒危等级	中国生物多样性红色名录：无危（LC） IUCN：无危（LC）	

分　　布：分布于非洲、欧亚大陆至大洋洲。在中国亚种 *M. m. govinda* 见于云南西部；亚种 *M. m. lineatus* 见于各省，包括台湾；亚种 *M. m. formosanus* 见于海南、台湾。

形　　态：较大型鹰类。雌雄相似。成鸟整体深褐色，两翼较宽大；翼下具较明显的白色翅窗；尾羽中部内凹呈叉状，腹部褐色具不甚明显深色纵纹。虹膜褐色；喙灰色；跗跖灰色。

栖息环境：栖息于开阔平原、草地、荒原和低山丘陵地带，也常在城郊、村庄、田野、港湾、湖泊。

食　　性：主要以鼠类、鸟类等小型脊椎动物为食，也吃昆虫。

习　　性：性机警，白天活动，常单独在高空飞翔。通常呈圈状盘旋翱翔，边飞边鸣，鸣声尖锐，似吹哨一样。

135

白尾海雕
Haliaeetus albicilla
White-tailed Sea Eagle

别　　名	白尾雕
居留类型	冬候鸟
保护等级	国家一级重点保护野生动物
濒危等级	中国生物多样性红色名录：易危（VU） IUCN：无危（LC）

分　　布：分布于欧亚大陆及格陵兰岛。在中国除海南外，见于各省。

形　　态：大型褐色鹰类。成鸟通体棕褐色，头及胸浅褐色，具独特的披针状羽毛；喙大呈黄色。翼下近黑的飞羽与深栗色的翼下成对比；尾略呈楔状，纯白色；飞行似鹫，与玉带海雕的区别在于尾全白。雌鸟体形大于雄鸟。虹膜黄色；喙及蜡膜黄色；跗跖黄色。

栖息环境：栖息于各类湖泊、河流、河口、江河及滨海地区的各种湿地和近海区域。

食　　性：主要以鱼类为食，也吃小型陆生脊椎动物。

习　　性：看似懒散，可蹲立不动达数小时，飞行时振翅缓慢有力。

136

普通鵟

Buteo japonicus
Eastern Buzzard

别　　名	东方鵟
居留类型	冬候鸟
保护等级	国家二级重点保护野生动物
濒危等级	中国生物多样性红色名录：无危（LC） IUCN：无危（LC）

分　　布：分布于亚洲中部、东部和东南部。在中国见于各省，包括台湾。

形　　态：体形略大，体色变化较大的鹰类。成鸟通常上体深红褐色，头具窄的暗色羽缘，脸侧皮黄色具近红色细纹，栗色的髭纹显著；下体偏乳黄白色，颏部、喉部具棕色纵纹，两胁及大腿沾棕色。飞行时两翼宽而圆，初级飞羽基部具特征性白色块斑。尾羽暗灰褐色，端处常具黑色横纹。在高空翱翔时两翼略呈"V"形。虹膜黄色至褐色；喙灰色，端黑色，蜡膜黄色；跗跖黄色。

栖息环境：栖息于山地森林和林缘地带，秋冬季节则多出现在低山丘陵和山脚平原地带。

食　　性：主要以鼠类为食。

习　　性：喜开阔原野且在空中热气流上翱翔，在裸露树枝上歇息。飞行时常停在空中振羽。

137

雕鸮
Bubo bubo
Eurasian Eagle-Owl

别　　名	恨狐、大猫头鹰
居留类型	留鸟
保护等级	国家二级重点保护野生动物
濒危等级	中国生物多样性红色名录：近危（NT） IUCN：无危（LC）

分　　布：分布于欧亚大陆大部分地区，不含南亚、东南亚。在中国除海南和台湾外，其他地区均有分布。

形　　态：体形硕大的鸮类。具显著的长耳羽簇；成鸟面盘淡棕黄色，杂以褐色细斑，眼先密覆白色的刚毛状羽，各羽均具黑色端斑，眼上方有一大型细斑；橘黄色的眼特显形大；体羽褐色斑驳；胸部偏黄色，多具深褐色纵纹且每片羽毛均具褐色横斑，羽延伸至趾。虹膜橙黄色；喙灰色；跗跖黄色。

栖息环境：栖息于山地森林、平原、荒野、林缘灌丛、疏林以及裸露的高山和峭壁等各类环境中。

食　　性：主要以鼠类为食，也吃鸟类、两栖爬行动物。

习　　性：通常远离人群，活动在人迹罕至的偏僻之地，除繁殖期外常单独活动，夜行性。

鸱鸮科 Strigidae

鸮形目 STRIGIFORMES

138

斑头鸺鹠
Glaucidium cuculoides
Asian Barred Owlet

别　　名	纵纹小鸮
居留类型	留鸟
保护等级	国家二级重点保护野生动物
濒危等级	中国生物多样性红色名录：无危（LC） IUCN：无危（LC）

分　　布：分布于东南亚、南亚、东亚等地区。在中国分布于秦岭－淮河以南的广大地区，包括海南和青藏高原东南部。

形　　态：体小而遍具棕褐色横斑的鸮类。无耳羽簇；成鸟头部、颈部和整个上体棕栗色而具赭色横斑，夹杂细狭的棕白色横斑，眉纹白色；沿肩部有一道白色线条将上体断开；下体具赭色横斑；臀白色，两胁栗色。虹膜黄褐色；喙偏绿色而端黄色；跗跖绿黄色。

栖息环境：栖息于平原、低山丘陵地带的阔叶林、混交林、次生林和林缘灌丛，也出现于村镇和农田附近的疏林和树上。

食　　性：主要以昆虫为食，也吃鼠类、鸟类、两栖爬行动物。

习　　性：常光顾庭园、村庄、原始林及次生林。主为夜行性，但有时白天也活动，多在夜间和清晨鸣叫。

139

日本鹰鸮
Ninox japonica
Northern Boobook

别　　名	褐鹰鸮、北鹰鸮
居留类型	冬候鸟
保护等级	国家二级重点保护野生动物
濒危等级	中国生物多样性红色名录：近危（NT） IUCN：无危（LC）

分　　布：分布于印度次大陆、东北亚、中国、东南亚等地。在中国亚种*N. j. japonica*分布于东北、华北和华东地区；亚种*N. j. totogo*见于台湾。

形　　态：中型大眼睛的深色似鹰的鸮类。原鹰鸮数个亚种独立为种，似鹰鸮，面盘上无明显特征。成鸟上体深褐色；下体皮黄色，具宽阔的红褐色纵纹而无横纹；臀、颏及喙基部具白色点斑。虹膜亮黄色；喙蓝灰色，蜡膜绿色；跗跖黄色。

栖息环境：栖息于针阔混交林和阔叶林中，也出现于低山丘陵和山脚平原地带的树林、林缘灌丛、果园及农田地区。

食　　性：主要以昆虫为食，也吃鼠类、鸟类、两栖爬行动物。

习　　性：性活跃，黄昏前活动于林缘地带，有时以家庭为群围绕林中空地一起觅食。

140

短耳鸮
Asio flammeus
Short-eared Owl

别　　名	田猫王
居留类型	冬候鸟
保护等级	国家二级重点保护野生动物
濒危等级	中国生物多样性红色名录：近危（NT） IUCN：无危（LC）

分　　布：广布于全世界除澳洲与南洋群岛以外的各大洲。在中国见于各省，包括台湾。

形　　态：中型的黄褐色鸮类。成鸟耳羽黑褐色具棕色羽缘，短小的耳羽簇于野外不可见；面盘显著，眼为光艳的黄色，眼周暗色。上体黄褐色，满布黑色和皮黄色纵纹；下体皮黄色具深褐色纵纹。翼长，飞行时黑色的腕斑显而易见。虹膜黄色；喙深灰色；跗跖偏白色。

栖息环境：栖息于低山、丘陵、平原、沼泽和开阔平原草地等各类生境中。

食　　性：主要以鼠类为食，也吃昆虫、鸟类、两栖爬行动物及植物性食物。

习　　性：喜有草的开阔地，多在黄昏和晚上活动和觅食，但也常在白天活动。

草鸮
Tyto longimembris
Eastern Grass Owl

别　　名	猴面鹰
居留类型	留鸟
保护等级	国家二级重点保护野生动物
濒危等级	中国生物多样性红色名录：近危（NT） IUCN：无危（LC）

分　　布：分布于亚洲东南部至澳大利亚。在中国分布于包括海南和台湾在内的长江以南及周边区域。

形　　态：中型鸮类。雌雄相似。面盘心形，似仓鸮，但脸及胸部皮黄色，甚深，无耳羽簇。上体深褐色，背部、翼上黄褐色具明显黑色斑块；尾羽较短具较明显横纹。虹膜黑褐色；喙深灰色；跗跖偏白色。

栖息环境：栖息于山麓草灌丛、沼泽地，隐藏在地面上的高草中。

食　　性：主要以昆虫为食，也吃鼠类、鸟类、两栖爬行动物。

习　　性：夜行性，性凶猛。

142

戴胜
Upupa epops
Common Hoopoe

别　　名	鸡冠鸟
居留类型	留鸟
保护等级	浙江省重点保护野生动物
濒危等级	中国生物多样性红色名录：无危（LC） IUCN：无危（LC）

分　　布：分布于欧亚大陆和非洲。在中国广泛分布。

形　　态：中型色彩鲜明的戴胜类。具长而尖黑，耸立的粉棕色丝状冠羽；头、上背、肩及下体粉棕色，下体余部则有粉棕色渐变为白色；两翼及尾具黑白相间的条纹；喙长且下弯。虹膜褐色；喙黑色；跗跖黑色。

栖息环境：栖息于山地、平原、森林、林缘、路边、河谷、农田、草地、村庄和果园等。

食　　性：主要以昆虫为食。

习　　性：性活泼，喜开阔潮湿地面。有警情时冠羽立起，起飞后松懈下来。

143

白胸翡翠
Halcyon smyrnensis
White-throated Kingfisher

别　　名	白胸鱼狗
居留类型	留鸟
保护等级	国家二级重点保护野生动物
濒危等级	中国生物多样性红色名录：无危（LC） IUCN：无危（LC）

分　　布：有5个亚种分布于中东、印度、中国、东南亚、菲律宾、安达曼群岛及苏门答腊。亚种*H. s. fokiensis*在中国分布于东部和南部；亚种*H. s. perpulchra*分布于西藏东南部、云南西北部至南部及南海诸岛；亚种*H. s. smyrnensis*分布于西藏东南部。

形　　态：中型翠鸟类。头、脸、颈部、小覆羽及腹部红棕色，颔、喉及胸部白色；背及身体大部呈蓝色鲜亮如闪光；翼上覆羽上部及翼端黑色；飞行时翅上可见大白斑；雌鸟较雄鸟体色稍淡。虹膜深褐色；喙深红色；跗跖红色。

栖息环境：栖息于山地森林和山脚平原河流、湖泊岸边，也出现于池塘、水库、沼泽和稻田等水域岸边，有时也远离水域活动。

食　　性：主要以鱼类、蟹类、软体动物和水生昆虫为食，也吃小型陆栖脊椎动物。

习　　性：性活泼而喧闹，捕食于旷野、河流、池塘及海边。

144

蓝翡翠
Halcyon pileata
Black-capped Kingfisher

别　　名	黑帽鱼狗
居留类型	夏候鸟
保护等级	浙江省一般保护动物
濒危等级	中国生物多样性红色名录：无危（LC） IUCN：无危（LC）

分　　布：分布于朝鲜、缅甸、中南半岛各国、泰国、马来半岛、印度尼西亚和菲律宾等地。在中国分布于除新疆、西藏、青海外各地。

形　　态：中型稍大的蓝白黑三色翠鸟类。头部黑色显著；眼下具白色斑，后颈白色向两侧延伸与喉、胸部的白色相连；翼上覆羽黑色，上体其余为亮丽华贵的蓝色或紫色；两胁及臀沾棕色；飞行时白色翼斑显见。虹膜深褐色；喙红色；跗跖红色。

栖息环境：主要栖息于林中溪流以及山脚与平原地带的河流、水塘和沼泽地带及其附近地区。

食　　性：主要以鱼类、虾类、蟹类和水生昆虫为食。

习　　性：喜大河流两岸、河口及红树林。

145

普通翠鸟
Alcedo atthis
Common Kingfisher

别　名	翠碧鸟
居留类型	留鸟
保护等级	浙江省一般保护动物
濒危等级	中国生物多样性红色名录：无危（LC） IUCN：无危（LC）

分　　布：分布于欧亚大陆、东南亚、印度尼西亚至新几内亚。在中国各地均匀分布。

形　　态：小型具亮蓝色及棕色的翠鸟类。雄鸟前额、头顶、枕和后颈为黑绿色，眼先和贯眼纹黑褐色，颏白色。前额侧部、颊、眼后和耳覆羽栗棕红色，耳后有白色斑；上体金属浅蓝绿色；下体橙棕色。雌鸟上体羽色较雄鸟暗淡，多蓝色，少绿色，头顶呈灰蓝色。虹膜褐色；喙黑色（雄鸟），下颚橘黄色（雌鸟）；跗跖红色。

栖息环境：主要栖息于溪流、平原河谷、水库、水塘，甚至水田岸边。

食　　性：主要以鱼类为食，也吃甲壳类、水生植物。

习　　性：常出没于开阔郊野的淡水湖泊、溪流、运河、鱼塘及红树林。栖于岩石或探出的枝头上，转头四顾寻鱼而入水捉之。

146

冠鱼狗
Megaceryle lugubris
Crested Kingfisher

别　　名	花鱼狗
居留类型	留鸟
保护等级	浙江省一般保护动物
濒危等级	中国生物多样性红色名录：无危（LC） IUCN：无危（LC）

分　　布： 分布于喜马拉雅山脉至东亚和东南亚。在中国亚种 *M. l. guttulata* 广泛分布于我国东部；亚种 *M. l. lugubris* 见于辽宁南部；从东北到华南的大部分地区及海南都有分布。

形　　态： 大型翠鸟类。显著的发达冠羽，上体青黑色并多具白色横斑和点斑；大块的白斑由颊区延至颈侧，下有黑色髭纹；下体白色，具黑色的胸部斑纹，两胁具皮黄色横斑。雄鸟翼下白色，雌鸟黄棕色。虹膜褐色；喙黑色；跗跖黑色。

栖息环境： 栖息于林中溪流、山脚平原、灌丛或疏林、水清澈而缓流的小河、溪涧、湖泊以及灌溉渠等水域。

食　　性： 主要以鱼类为食，也吃甲壳类、水生昆虫和水生植物。

习　　性： 多沿溪流中央飞行，一旦发现食物迅速俯冲，动作利落。平时常独栖在近水边的树枝顶上、电线杆顶或岩石上，伺机猎食。

147

斑鱼狗
Ceryle rudis
Pied Kingfisher

别 名	小花鱼狗
居留类型	留鸟
保护等级	浙江省一般保护动物
濒危等级	中国生物多样性红色名录：无危（LC） IUCN：无危（LC）

分　　布：分布于非洲、印度、斯里兰卡、中国南部至东南亚。在中国分布于长江流域以南至东南地区和海南，也出现在北京、天津、河南等地。

形　　态：中型的黑白色翠鸟类。雌鸟体形较雄鸟大。雄鸟通体黑白相间，冠羽黑色较小，具显眼白色眉纹；后颈具黑白色杂斑，颈侧有大块白斑；初级飞羽及尾羽基白色而稍黑色。下体白色，上胸具黑色的宽阔条带，其下具狭窄的黑斑；翅上有宽阔的白色翅带，飞翔时极显著，雌鸟胸带不如雄鸟宽。虹膜褐色；喙黑色；跗跖黑色。

栖息环境：栖息于低山和平原溪流、河流、湖泊、运河等开阔水域岸边，有时甚至出现在水塘和路边水渠岸上。

食　　性：主要以鱼类为食，也吃甲壳类、水生昆虫、小型陆栖脊椎动物和水生植物。

习　　性：成对或结群活动于较大水体及红树林，喜嘈杂。

148

蚁䴕
Jynx torquilla
Eurasian Wryneck

别　　名	地啄木鸟
居留类型	冬候鸟
保护等级	浙江省重点保护野生动物
濒危等级	中国生物多样性红色名录：无危（LC） IUCN：无危（LC）

分　　布：分布于欧亚大陆，南到非洲、印度、东南亚一带。在中国见于各省，包括台湾。

形　　态：小型的灰褐色啄木鸟类。成鸟喙相对形短，呈圆锥形，体羽斑驳杂乱，呈银灰色或淡灰色，具黑色虫蠹状斑。下体具小横斑，尾较长，具不明显的横斑。虹膜淡褐色；喙角质色；跗跖褐色。

栖息环境：栖息于低山和平原开阔的疏林地带，尤喜阔叶林和针阔叶混交林，也出现于针叶林、林缘灌丛、河谷、田边和居民点附近的果园等处。

食　　性：主要以蚂蚁、蚂蚁卵和蛹为食。

习　　性：除繁殖期成对活动以外，常单独活动。多在地面觅食，行走时呈跳跃式。

149

大斑啄木鸟
Dendrocopos major
Great Spotted Woodpecker

别　　名	白花啄木鸟
居留类型	留鸟
保护等级	浙江省重点保护野生动物
濒危等级	中国生物多样性红色名录：无危（LC） IUCN：无危（LC）

分　　布：分布于欧亚大陆到非洲北部，亚洲东部、南部和东南亚一带。在中国广泛分布。

形　　态：中型黑白相间的啄木鸟类。雄鸟额棕白色；眼先、眉、颊和耳羽白色；头顶黑色而具有蓝色光泽，枕部具狭窄红色带而雌鸟无。雌鸟上体黑色，具明显的白色肩斑和数道白色翅斑；雌雄臀部均为红色，近白色胸部上无红色或橙红色，以此有别于相近的赤胸啄木鸟及棕腹啄木鸟。虹膜近红色；喙灰色；跗跖灰色。

栖息环境：栖息于山地和平原针叶林、针阔叶混交林和阔叶林中，也出现于林缘次生林和农田地边疏林及灌丛地带。

食　　性：主要以昆虫为食，也吃小型无脊椎动物和植物性食物。

习　　性：常单独或成对活动。

150

红隼
Falco tinnunculus
Common Kestrel

别　名	红鹞子
居留类型	留鸟
保护等级	国家二级重点保护野生动物
濒危等级	中国生物多样性红色名录：无危（LC） IUCN：无危（LC）

分　布：分布于欧亚大陆、非洲以及亚洲中部、东部、南部和东南部。在中国广布。

形　态：小型的赤褐色隼类。雄鸟头顶及颈背灰色，眼下垂直向下的黑色髭纹明显，背部和翅上覆羽砖红色，并具三角形黑斑；胸、腹皮黄色而具黑色纵纹，尾蓝灰色无横斑。雌鸟体形略大，上体全褐色而多粗横斑。虹膜褐色；喙灰色而端黑色，蜡膜黄色；跗跖黄色。

栖息环境：栖息于山地森林、低山丘陵、草原、旷野、森林平原、河谷和农田等地区。

食　性：主要以鼠类、鸟类等小型脊椎动物为食，也吃昆虫。

习　性：在空中特别优雅，捕食时懒懒地盘旋或文斯不动地停在空中。

151

燕隼
Falco subbuteo
Eurasian Hobby

别　　名	虫鹞、青条子、蚂蚱鹰
居留类型	旅鸟
保护等级	国家二级重点保护野生动物
濒危等级	中国生物多样性红色名录：无危（LC） IUCN：无危（LC）

分　　布：分布于欧洲、非洲、古北界、喜马拉雅山脉、中国及缅甸。在中国广布。

形　　态：小型的黑白色隼类。上体深灰色，有细细的白色眉纹，颊部有垂直向下的黑色髭纹，臀棕色；胸、腹乳白色而具黑色纵纹。雌鸟体形比雄鸟大而多褐色，翼长，尾下覆羽细纹较多。虹膜褐色；喙灰色，蜡膜黄色；跗跖黄色。

栖息环境：栖息于有稀疏树木生长的开阔平原、旷野、耕地、海岸、疏林和林缘地带，有时也到村庄附近。

食　　性：主要以鸟类为食，也吃蝙蝠、昆虫等。

习　　性：飞行中捕捉昆虫及鸟类，飞行迅速，喜开阔地及有林地带，高可至海拔2000米。

152

游隼
Falco peregrinus
Peregrine Falcon

别 名	隼、黑背花梨鹞
居留类型	冬候鸟
保护等级	国家二级重点保护野生动物
濒危等级	中国生物多样性红色名录：近危（NT） IUCN：无危（LC）

分　　布： 几乎遍布全球。在中国除西藏外广泛分布于各省。

形　　态： 大型而强壮的深色隼类。成鸟头顶及脸颊近黑色，并有显著的宽黑色髭纹；眼周黄色，胸、腹深灰色具黑色点斑及横纹；下体白色，胸具黑色纵纹，腹部、跗跖及尾下具黑色横斑。尾羽具有数条黑色横带；雌鸟比雄鸟体大。喙灰色，蜡膜黄色；跗跖黄色。

栖息环境： 栖息于山地、丘陵、荒漠、海岸、旷野、草原、沼泽与湖泊沿岸地带，也到开阔的农田、耕地和村庄附近活动。

食　　性： 主要以中小型鸟类为食，也吃小型哺乳动物。

习　　性： 常成对活动。飞行甚快，并从高空呈螺旋形向下猛扑猎物。为世界上飞行最快的鸟种之一，在悬崖上筑巢。

153

黑卷尾
Dicrurus macrocercus
Black Drongo

别　　名	大卷尾、黑黎鸡
居留类型	夏候鸟
保护等级	浙江省一般保护动物
濒危等级	中国生物多样性红色名录：无危（LC） IUCN：无危（LC）

分　　布：分布于伊朗至印度、中国、东南亚、爪哇及巴厘岛。在中国除新疆外见于各省。

形　　态：中型的蓝黑色而具金属光泽的卷尾类。喙小，全身羽毛蓝黑色，具金属闪光。跟其他相似的卷尾区别在于全身黑色均匀和尾叉甚深（外侧尾羽仅略微上翘）。虹膜红色；喙及跗跖黑色。

栖息环境：栖息于城郊区、村庄附近和广大农村。多成对活动于低山山坡、平原丘陵地带的阔叶林树上。

食　　性：主要以昆虫为食。

习　　性：性好斗，喜结群、鸣闹。

154

虎纹伯劳
Lanius tigrinus
Tiger Shrike

别　　名	厚嘴伯劳
居留类型	夏候鸟
保护等级	浙江省重点保护野生动物
濒危等级	中国生物多样性红色名录：无危（LC） IUCN：无危（LC）

分　　布：分布于东亚。在中国除新疆、青海、海南外，见于各省，包括台湾。

形　　态：中型背部棕色的伯劳类。较红尾伯劳明显喙厚、尾短而眼大。雄鸟顶冠及颈背灰色；背、两翼及尾浓栗色而多具黑色横斑；额基黑色于贯眼纹相连；下体白色，两胁具褐色横斑。雌鸟似雄鸟但眼先及眉纹色浅。虹膜褐色；喙蓝灰色，端黑色；跗跖灰色。

栖息环境：栖息于低山丘陵和山脚平原地区的森林、林缘地带，尤以开阔的次生阔叶林、灌木林和林缘灌丛地带较常见。

食　　性：主要以昆虫为食，也吃植物性食物。

习　　性：常单独或成对活动，性活泼，多停息在灌木、乔木的顶端或电线上。

155

红尾伯劳
Lanius cristatus
Brown Shrike

别 名	褐伯劳
居留类型	旅鸟
保护等级	浙江省重点保护野生动物
濒危等级	中国生物多样性红色名录：无危（LC） IUCN：无危（LC）

分　　布：分布于中亚、东亚、俄罗斯。在中国亚种众多，分布于东北、华北、华南、东南、西南等地，包括海南及台湾。地方性常见。

形　　态：小型的褐色伯劳类。整个上体红褐色，尾上覆羽及尾羽棕色。雄鸟额至头顶前部淡灰色，后头至上背、肩羽逐渐转为褐色，贯眼纹及头侧黑色；眉纹白色后延至耳羽上方；额、喉纯白色，下体近白色，雄鸟两胁沾粉色，雌鸟具黑色细小鳞状纹。雌鸟似雄鸟但羽色较淡，贯眼纹深褐色。幼鸟似成鸟，两胁多黑褐色鳞状斑纹。虹膜褐色；喙灰色；跗跖黑色。

栖息环境：栖息于低山丘陵和山脚平原地带的灌丛、疏林和林缘地带。

食　　性：主要以昆虫为食。

习　　性：单独或成对活动，性活泼，喜平原及荒漠原野的灌丛、开阔林地及树篱。

156

棕背伯劳
Lanius schach
Long-tailed Shrike

别　　名	大红背伯劳
居留类型	留鸟
保护等级	浙江省重点保护野生动物
濒危等级	中国生物多样性红色名录：无危（LC） IUCN：无危（LC）

分　　布：分布于西亚、中亚、南亚、东南亚、印尼群岛。在中国亚种众多，分布于新疆西部和黄河流域，以及南部全境。

形　　态：大型而尾长的棕、黑及白色伯劳类。体色主要以棕红色为主。成鸟额、贯眼纹、两翼黑色，翼具白色斑；头顶及颈背灰色或灰黑色；背、腰及体侧红褐色；颏、喉、胸及腹部为白色。虹膜褐色；喙及跗跖黑色。

栖息环境：栖息于中低山的次生林、林缘及开阔田野上，也见于公园、农田、苗圃、果园等地，对人工生境有较强的适应性。

食　　性：主要以昆虫为食。

习　　性：性凶猛，嘴爪均强健有力，喜草地、灌丛、茶林、丁香林及其他开阔地。

157

楔尾伯劳
Lanius sphenocercus
Chinese Grey Shrike

别　　名	长尾灰伯劳
居留类型	冬候鸟
保护等级	浙江省重点保护野生动物
濒危等级	中国生物多样性红色名录：无危（LC） IUCN：无危（LC）

分　　布：分布于中亚、西伯利亚东南部、朝鲜。在中国除新疆外广泛分布。

形　　态：大型的灰色伯劳类。雌雄相似。成鸟额部至枕部浅灰色，贯眼纹近黑色，无显著眉纹，额基和眉纹白色；脸颊、额部、喉部白色；两翼黑色并具粗的白色横纹；下体偏白色，肩羽与背同色；三枚中央尾羽黑色，羽端具狭窄的白色，外侧尾羽白色。虹膜褐色；喙灰色；跗跖黑色。

栖息环境：栖息于低山、平原和丘陵地带的疏林、林缘灌丛草地，也出现于农田地边和村庄附近。

食　　性：主要以昆虫为食，也吃小型脊椎动物。

习　　性：喜停在空中振翼并捕食猎物。

雀形目 PASSERIFORMES 鸦科Corvidae

158

松鸦
Garrulus glandarius
Eurasian Jay

别　　名	山和尚、橿鸟
居留类型	留鸟
保护等级	浙江省一般保护动物
濒危等级	中国生物多样性红色名录：无危（LC） IUCN：无危（LC）

分　　布：分布于欧亚大陆和北非北部。在中国亚种众多，广泛分布于除青藏高原、新疆南部、内蒙古西部和海南之外的大部分地区。

形　　态：小型的偏粉色鸦类。雌雄相似。成鸟头顶有羽冠，遇刺激时能够竖直；喙短而粗壮，上体粉棕色，翼上具黑色及蓝色镶嵌图案，尾上覆羽及腰白色。喙至喉处一侧有显著的髭纹黑色，翅上有黑、白、蓝三色相间的横斑。飞行时两翼显得宽圆，飞行沉重，振翼无规律。虹膜浅褐色；喙灰色；跗跖肉棕色。

栖息环境：栖息于针叶林、针阔叶混交林、阔叶林等森林中，也到林缘疏林和天然次生林内。冬季见于林缘附近的耕地或路边活动和觅食。

食　　性：食性杂，食物组成随季节和环境变化。

习　　性：性喧闹，喜落叶林地及森林。

159

红嘴蓝鹊
Urocissa erythroryncha
Red-billed Blue Magpie

别　　名	长尾蓝鹊
居留类型	留鸟
保护等级	浙江省一般保护动物
濒危等级	中国生物多样性红色名录：无危（LC） IUCN：无危（LC）

分　　布：分布于东亚、喜马拉雅山脉南部部分地区和东南亚。在中国分布于除东北、新疆、西藏、青海、台湾之外的广大地区。

形　　态：大型具长尾亮丽的鸦类。成鸟头、颈、喉和胸黑色而顶冠白色；其余上体紫蓝灰色或淡蓝灰褐色；胸、腹部及臀白色，尾长呈楔形，外侧尾羽黑色而端白色。虹膜红色；喙红色；跗跖红色。

栖息环境：栖息于各种不同类型的森林中，也见于竹林、林缘疏林和村庄城镇。

食　　性：食性杂，食物组成随季节和环境变化。

习　　性：性喧闹，结小群活动，常在地面取食，会主动围攻猛禽。

160

喜鹊
Pica pica
Common Magpie

别　　名	普通喜鹊
居留类型	留鸟
保护等级	浙江省一般保护动物
濒危等级	中国生物多样性红色名录：无危（LC） IUCN：无危（LC）

分　　布：分布于欧亚大陆、北非和北美西部。在中国广泛分布。

形　　态：中型鸦类。成鸟头、颈、胸和尾黑色具蓝色金属光泽；尾长，两翼有大型白斑。虹膜褐色；喙黑色；跗跖黑色。

栖息环境：适应能力极强，见于森林、乡村至城市的多种生境，多营巢于高大乔木或建筑之上。

食　　性：食性杂，食物组成随季节和环境而变化。

习　　性：适应性强，结小群活动，巢为胡乱堆搭的拱圆形树棍，经年不变。

小嘴乌鸦
Corvus corone
Carrion Crow

别　　名	细嘴乌鸦
居留类型	冬候鸟
保护等级	浙江省一般保护动物
濒危等级	中国生物多样性红色名录：无危（LC） IUCN：无危（LC）

分　　布：分布于欧亚大陆、非洲东北部、亚洲西部、中部、南部和东部一带。在中国除西藏、贵州、广西外分布于各地。

形　　态：大型的黑色鸦类。雌雄相似。通体黑色，具紫蓝色金属光泽。喙较粗壮，但不如大嘴乌鸦厚实；头顶较平滑，颈部羽毛为披针形。与秃鼻乌鸦的区别在于喙基部为黑色羽，与大喙乌鸦的区别在于额弓较低。虹膜褐色；喙黑色；跗跖黑色。

栖息环境：栖息于低山、丘陵和平原地带的疏林及林缘地带。

食　　性：食性杂，食物组成随季节和环境变化。

习　　性：喜结大群栖息，但不像秃鼻乌鸦结群营巢。取食于矮草地及农耕地，常在道路上吃被车辆压死的动物。一般不像秃鼻乌鸦栖于城市。

162

大嘴乌鸦
Corvus macrorhynchos
Large-billed Crow

别　名	巨嘴鸦
居留类型	留鸟
保护等级	浙江省一般保护动物
濒危等级	中国生物多样性红色名录：无危（LC） IUCN：无危（LC）

分　布：分布于亚洲东部、南部和东南部。在中国除西藏中部和北部、新疆中部之外，分布于各地。

形　态：大型的闪光黑色鸦类。雌雄相似。体形粗壮，喙甚粗厚。通体黑色，具紫绿色金属光泽，额部明显突起；尾长呈楔状。比渡鸦体小而尾较平。虹膜褐色；喙黑色；跗跖黑色。

栖息环境：栖息于低山、平原和山地等各种森林类型中，尤以疏林和林缘地带较常见。

食　性：食性杂，食物组成随季节和环境变化。

习　性：成对生活，喜栖于村庄周围。

163

大山雀
Parus cinereus
Cinereous Tit

别　名	远东山雀
居留类型	留鸟
保护等级	浙江省一般保护动物
濒危等级	中国生物多样性红色名录：无危（LC） IUCN：未评估（NE）

分　布：分布于古北界、亚洲中部、东部、南部和东南部一带。在中国分布于除西北以外的各地。

形　态：大型而结实的黑、灰及白色的山雀类。头及喉黑色，与脸侧白斑及颈背沾绿色斑块成对比；上体主要为灰绿色，下体为白色，一道黑色带沿胸中央而下。翼上具一道醒目的白色条纹。雄鸟胸带较宽，幼鸟胸带减为胸兜。虹膜深褐色；喙黑色；跗跖黑色。

栖息环境：栖息于低山和山麓地带的次生阔叶林、阔叶林和针阔叶混交林中，也适应人工林和人类生活区。

食　性：主要以昆虫为食，也吃植物性食物。

习　性：性活跃，常成对或成小群活动。

164

云雀
Alauda arvensis
Eurasian Skylark

别　　名	欧亚云雀
居留类型	冬候鸟
保护等级	国家二级重点保护野生动物
濒危等级	中国生物多样性红色名录：无危（LC） IUCN：无危（LC）

分　　布： 主要分布于古北区。在中国亚种众多，繁殖于新疆、青海、西藏、河北、山东、黑龙江及吉林等。冬季迁徙至东北南部、东南部和长江中、下游，以至江苏、广东北部等地越冬。

形　　态： 中型而具灰褐色杂斑的百灵类。雌雄相似。眉纹白色，颊和耳羽区褐色。上体以灰褐色为主，顶冠及耸起的羽冠具细纹，初级飞羽突出较长，尾长分叉，羽缘白色，后翼缘白色飞行时可见。虹膜深褐色；喙角质色；跗跖肉色。

栖息环境： 栖息于开阔的平原、草地、沼泽、农田等生境。

食　　性： 主要以昆虫为食。

习　　性： 以活泼悦耳的鸣声著称，高空振翅飞行时鸣唱，为持续的成串颤音及颤鸣。警惕时下蹲。

165

小云雀
Alauda gulgula
Oriental Skylark

别　名	告天鸟
居留类型	留鸟
保护等级	浙江省一般保护动物
濒危等级	中国生物多样性红色名录：无危（LC） IUCN：无危（LC）

分　布：广布于欧亚大陆南部。在中国亚种众多，分布于青藏高原东部和秦岭－淮河一带及其以南地区，包括海南及台湾。

形　态：小型的褐色斑驳的百灵类。雌雄相似。喙较其他百灵细而短，具黄褐色顶冠和耳羽；略具浅色眉纹；上体灰褐色具近黑色纵纹，飞羽和覆羽褐色为主，具浅褐色羽缘，次级飞羽具皮黄色端斑，但飞行时不甚明显；尾羽大多为褐色，仅外侧尾羽为白色。虹膜褐色；喙角质色；跗跖肉色。

栖息环境：栖息于多草的开阔地区。

食　性：主要以植物性食物为食，也吃昆虫。

习　性：除繁殖期成对活动外，其他时候多成群活动。善奔跑，主要在地上活动，有时也停歇在灌木上。

166	别　　名	锦鸲
	居留类型	留鸟
棕扇尾莺	保护等级	浙江省一般保护动物
Cisticola juncidis	濒危等级	中国生物多样性红色名录：无危（LC）
Zitting Cisticola		IUCN：无危（LC）

分　　布：分布区广泛，从欧洲西部、地中海北岸到中东、非洲、印度、中国、日本、菲律宾、东南亚及澳大利亚北部。在中国繁殖于华中及华东，越冬至华南及东南，为地方性常见的留鸟及候鸟。

形　　态：小型而具褐色纵纹的扇尾莺类。体背主要为暗褐色，有纵纹，腰黄褐色，尾端白色清晰。非繁殖羽顶冠有数列明显的黑褐色纵斑，上体和两胁黄褐色明显；繁殖羽纵斑不明显。虹膜褐色；喙褐色；跗跖粉红色至近红色。

栖息环境：栖息于海拔1000米以下的灌丛、草丛、稻田中。

食　　性：主要以昆虫为食，也吃小型无脊椎动物和植物性食物。

习　　性：繁殖期间单独或成对活动，领域性强，冬季多呈散群。性活泼，整天不停地活动或觅食。

167

山鹪莺
Prinia crinigera
Striated Prinia

别　　名	无	
居留类型	留鸟	
保护等级	浙江省一般保护动物	
濒危等级	中国生物多样性红色名录：无危（LC） IUCN：无危（LC）	

雀形目 PASSERIFORMES
扇尾莺科 Cisticolidae

分　　布：分布于阿富汗至印度北部、缅甸、中国南方。在中国分布于秦岭－淮河以南，包括西藏和台湾，为不常见留鸟。

形　　态：大型而具深褐色纵纹的扇尾莺类。繁殖羽上体灰褐色，头顶至颈部具黑色及深褐色纵纹；下体偏白色，两胁、胸及尾下覆羽沾茶黄色，尾长而凸；非繁殖羽褐色较重，头、脸颊、颈侧、喉部具纵纹。虹膜浅褐色；喙黑色（冬季褐色）；跗跖偏粉色。

栖息环境：栖息于灌丛与草丛中，常在耕地活动。

食　　性：主要以昆虫为食。

习　　性：单独或成对活动，雄鸟于突出处鸣叫。

168

纯色山鹪莺
Prinia inornata
Plain Prinia

别　　名	褐头鹪莺
居留类型	留鸟
保护等级	浙江省一般保护动物
濒危等级	中国生物多样性红色名录：无危（LC） IUCN：无危（LC）

分　　布：分布于南亚及东南亚。在中国分布于长江周边及其以南地区包括海南及台湾。

形　　态：小型而尾长的偏棕色扇尾莺类。雌雄相似。繁殖羽头顶、颈部、背部、两翼及尾羽浅褐色，下体白色，胸侧、胁部、尾下覆羽浅黄色。非繁殖羽头部隐约具土黄色眉纹；眼先、颊部、耳羽、喉部至整个下体均为土黄色，尾下覆羽色略深。尾羽末端具淡色斑。虹膜浅褐色；喙近黑色；跗跖粉红色。

栖息环境：栖息于海拔1500米以下的农田、果园、村庄附近的草地、灌丛中。

食　　性：主要以昆虫为食，也吃小型无脊椎动物和植物性食物。

习　　性：有几分傲气而活泼的鸟，结小群活动，常于树上、草茎间或在飞行时鸣叫。

169

东方大苇莺
Acrocephalus orientalis
Oriental Reed Warbler

别　　名	大苇莺
居留类型	夏候鸟
保护等级	浙江省一般保护动物
濒危等级	中国生物多样性红色名录：无危（LC） IUCN：无危（LC）

分　　布：分布于东亚、印度、东南亚和澳大利亚地区。在中国分布于除西藏以外各地。

形　　态：大型的褐色苇莺类。具显著的皮黄色眉纹；贯眼纹黑色，眼先黑色，喙裂偏粉色而非黄色。上体呈橄榄褐色，下体皮乳黄色；第1枚初级飞羽长度不超过初级覆羽，初级飞羽长度超过三级飞羽；非繁殖羽与繁殖羽相似，但喉下及前胸羽具棕褐色，羽干细纹更为明显。虹膜褐色；上喙褐色，下喙偏粉色；跗跖灰色。

栖息环境：栖息于芦苇地、稻田、沼泽、湿草地。

食　　性：主要以昆虫为食，也吃小型无脊椎动物和植物性食物。

习　　性：常隐匿于苇丛中鸣唱，偶尔也会跃到苇丛上方。

170

崖沙燕
Riparia riparia
Sand Martin

别　名	沙岩燕、灰沙燕
居留类型	旅鸟
保护等级	浙江省一般保护动物
濒危等级	中国生物多样性红色名录：无危（LC） IUCN：无危（LC）

分　　布：广泛分布于除大洋洲以外的世界各地。在中国分布于西北、青藏高原、东北、华中、华东及南部。

形　　态：小型的褐色燕类。上体从头、肩至上背和翅上覆羽深灰褐色，耳羽与胸带间分界明显，具清晰的胸带，下背、腰和尾上覆羽稍淡呈灰褐色，具不明显的白色羽缘。虹膜褐色；喙及跗跖黑色。

栖息环境：栖息于湖泊、泥沼和江河的泥质沙滩或附近的土崖上。

食　　性：主要以昆虫为食。

习　　性：常成群生活，喜于沼泽及河流之上，在水上疾掠而过或停栖于突出树枝。

崖沙燕

171

家燕
Hirundo rustica
Barn Swallow

别 名	观音燕、燕子
居留类型	夏候鸟
保护等级	浙江省一般保护动物
濒危等级	中国生物多样性红色名录：无危（LC） IUCN：无危（LC）

分　　布：几乎遍布全世界。在中国遍布各地。

形　　态：中型的辉蓝色及白色的燕类。上体蓝色，额部栗色，胸具胸带，胸带颜色随亚种而不同。腹白色，尾甚长，近端处具白色点斑。虹膜褐色；喙及跗跖黑色。

栖息环境：栖息在人类居住的环境。

食　　性：主要以昆虫为食。

习　　性：善飞行，在高空滑翔及盘旋或低飞于地面、水面觅食；有时结大群夜栖一处。

172

金腰燕
Cecropis daurica
Red-rumped Swallow

别　名	赤腰燕
居留类型	夏候鸟
保护等级	浙江省一般保护动物
濒危等级	中国生物多样性红色名录：无危（LC） IUCN：无危（LC）

分　　布：分布于欧亚大陆南部、非洲和澳大利亚。在中国分布于除内蒙古西部、甘肃西部、青藏高原中西部外的大部分地区。

形　　态：大型燕类。浅栗色的腰与深蓝色的上体成对比，下体白色，胸、腹部多具黑色细纹，尾长而叉深。虹膜褐色；喙及跗跖黑色。

栖息环境：栖息于低山丘陵和平原地区的村庄、城镇等居民区。

食　　性：主要以昆虫为食。

习　　性：似家燕。

173

领雀嘴鹎
Spizixos semitorques
Collared Finchbill

别　　名	绿鹦嘴鹎、白环鹦嘴鹎
居留类型	留鸟
保护等级	浙江省一般保护动物
濒危等级	中国生物多样性红色名录：无危（LC） IUCN：无危（LC）

分　　布：分布于东南亚北部及东亚。在中国分布于华中、华南、华东、西南、东南和东部等地区。

形　　态：大型的偏绿色鹎类。喙短而厚重，近端缺刻，具短羽冠，鼻孔后缘具白斑。头及喉偏黑色，颈背灰色，前颈有特征性的白色领环，脸颊具白色细纹。尾绿色而尾端黑色。虹膜褐色；喙浅黄色；跗跖偏粉色。

栖息环境：栖息于低山丘陵和山脚平原地区的各种林地、灌丛。

食　　性：主要以植物性食物为食。

习　　性：喜于次生植被及灌丛，常结小群停栖于电线或竹林，飞行中捕捉昆虫。

174

白头鹎
Pycnonotus sinensis
Light-vented Bulbul

别　　名	白头翁
居留类型	留鸟
保护等级	浙江省一般保护动物
濒危等级	中国生物多样性红色名录：无危（LC） IUCN：无危（LC）

分　　布：分布中国南方、越南北部及琉球群岛。在中国分布于西南、华南、东南、东部、华中及华北绝大多数地区，近年逐渐北扩，见于海南和台湾。

形　　态：中型的橄榄色鹎类。前额纯黑色，头顶至后白色而富有光泽略具羽冠，眼后具白色宽纹伸至颈背，髭纹黑色；下体喉至上胸白色，具不明显的宽阔胸带，腹部杂以黄绿色条纹。虹膜褐色；喙近黑色；跗跖黑色。

栖息环境：栖息于低海拔的各种林地、农田、灌丛中，对人类活动区较为适应。

食　　性：食性杂，食物组成随季节和环境而变化。

习　　性：性活泼，结群于果树上活动，有时从栖处飞行捕食。

175

绿翅短脚鹎
Ixos mcclellandii
Mountain Bulbul

别　　名	绿髀（来源《浙江动物志》）	
居留类型	留鸟	
保护等级	浙江省一般保护动物	
濒危等级	中国生物多样性红色名录：无危（LC） IUCN：无危（LC）	

分　　布：分布于东亚、东南亚及喜马拉雅山脉等地区。在中国亚种众多，分布于西藏、云南、河南南部、陕西南部、甘肃南部及南方多数地区，包括海南，为地方性常见留鸟。

形　　态：体大而喜喧闹的橄榄色鹎类。羽冠深褐色略耸起，短而尖，颈背及上胸棕色，喉偏白色而具纵纹。背、两翼及尾偏绿色。腹部偏白色，尾下覆羽棕黄色。虹膜褐色；喙近黑色，较细长；跗跖粉红色。

栖息环境：栖息于阔叶林、针阔混交林、次生林、林缘疏林、竹林、稀树灌丛和灌丛草地等各类生境中。

食　　性：主要以植物性食物为食，也吃昆虫。

习　　性：常成小群活动，多在乔木树冠层或林下灌木上跳跃、飞翔，并同时发出喧闹的叫声。

雀形目 PASSERIFORMES

鹎科Pycnonotidae

176

栗背短脚鹎
Hemixos castanonotus
Chestnut Bulbul

别　　名	栗鹎
居留类型	留鸟
保护等级	浙江省一般保护动物
濒危等级	中国生物多样性红色名录：无危（LC） IUCN：无危（LC）

分　　布：分布于东亚及东南亚部分地区。在中国分布于长江以南的多数地区，包括海南。

形　　态：大型而外观漂亮的鹎类。上体栗褐色，头顶暗棕色而略具羽冠，喉白色；腹部偏白色，胸及两胁浅灰色，两翼及尾灰褐色，覆羽及尾羽边缘绿黄色。白色喉羽有时膨出明显。虹膜褐色；喙和跗跖深褐色。

栖息环境：栖息于低山丘陵地区的次生阔叶林、林缘灌丛和稀树草坡灌丛及地边丛林等生境中。

食　　性：主要以植物性食物为食，也吃昆虫。

习　　性：性喧闹，常结成活跃小群，藏身于茂密的植丛。

177

黑短脚鹎

Hypsipetes leucocephalus
Black Bulbul

别　　名	黑鹎
居留类型	留鸟
保护等级	浙江省一般保护动物
濒危等级	中国生物多样性红色名录：无危（LC） IUCN：无危（LC）

分　　布：分布于东亚、东南亚及喜马拉雅山脉等地区。在中国亚种众多，分布于西藏东南部、云南、陕西南部、重庆、湖北及南方多数地区，包括海南及台湾。

形　　态：大型的黑色鹎类。成鸟一般通体黑色，头型颜色随亚种而不同，部分亚种头部白色，西部亚种的前半部分偏灰色。尾略分叉。亚成鸟偏灰色，略具平羽冠。虹膜褐色；喙和跗跖红色。

栖息环境：栖息于次生林、阔叶林、常绿阔叶林和针阔混交林及其林缘地带，冬季也出现在疏林荒坡、路边或地头树上。

食　　性：主要以植物性食物为食，也吃昆虫。

习　　性：性喧闹，常单独或成小群活动，有季节性迁移。冬季于中国南方可见到数百只的大群。

178

褐柳莺
Phylloscopus fuscatus
Dusky Warbler

别　　名	褐色柳莺
居留类型	旅鸟
保护等级	浙江省一般保护动物
濒危等级	中国生物多样性红色名录：无危（LC） IUCN：无危（LC）

分　　布：繁殖于东北亚，越冬于南亚北部及东南亚。在中国除极西部地区外广泛分布。

形　　态：中型的单一褐色柳莺类。外形紧凑而墩圆，无翅斑，腰浅色。上体灰褐色，喙细小。眉纹棕白色，贯眼纹暗褐色。颏、喉白色，其余下体乳白色，胸及两胁沾黄褐。两翼短圆，尾圆而略凹。飞羽有橄榄绿色的翼缘。虹膜褐色；上喙色深，下喙偏黄色；跗跖细长偏褐色。

栖息环境：栖息于平原到高山的灌丛地带、稀疏而开阔的阔叶林、针阔混交林和针叶林林缘以及溪流沿岸的疏林与灌丛。

食　　性：主要以昆虫为食。

习　　性：生性谨慎而胆小，常单独或成对活动，隐匿于沿溪流、沼泽周围及森林中潮湿灌丛之下。

179

黄腰柳莺
Phylloscopus proregulus
Pallas's Leaf Warbler

别　　名	黄腰丝
居留类型	冬候鸟
保护等级	浙江省一般保护动物
濒危等级	中国生物多样性红色名录：无危（LC） IUCN：无危（LC）

分　　布：广布于亚洲东部至中部。在中国见于各省，包括台湾。

形　　态：小型柳莺类。雌雄相似。顶冠暗绿色，贯眼纹深色，有明显的浅色中央顶冠纹，有翅斑；上体橄榄绿色，腰浅黄色，两翼暗褐色。停歇时可见两道淡黄色翼斑，下体白色。虹膜褐色；喙黑色，喙基橙黄色；跗跖粉褐色。

栖息环境：繁殖于高山森林中，迁徙越冬于低山次生林、城市绿化带、公园、果园等地活动。

食　　性：主要以昆虫为食。

习　　性：性活泼、行动敏捷，单独或成对活动在高大的树冠层中。

180

黄眉柳莺
Phylloscopus inornatus
Yellow-browed Warbler

别　　名	树叶儿
居留类型	冬候鸟
保护等级	浙江省一般保护动物
濒危等级	中国生物多样性红色名录：无危（LC） IUCN：无危（LC）

分　　布：繁殖于东北亚，迁徙经亚洲东部，越冬于东南亚。在中国除新疆外见于各省，包括台湾。

形　　态：小型的鲜艳橄榄绿色柳莺类。头顶具不清晰的顶冠纹，有翅斑而无浅色的腰。通常具两道明显的近白色翼斑，纯白色或乳白色的眉纹长而明显。下体色彩从白色变至黄绿色。虹膜褐色；上喙色深，下喙基黄色；跗跖粉褐色。

栖息环境：繁殖于高海拔的阔叶林或针叶林中，迁徙期见于各类生境。

食　　性：主要以昆虫为食。

习　　性：性活泼，常结群，且与其他小型食虫鸟类混合，栖于森林的中上层。

181

极北柳莺
Phylloscopus borealis
Arctic Warbler

别　　名	柳串儿
居留类型	旅鸟
保护等级	浙江省一般保护动物
濒危等级	中国生物多样性红色名录：无危（LC） IUCN：无危（LC）

分　　布：广布于欧亚大陆。在中国除海南外，见于各省，包括台湾。

形　　态：中型的偏灰橄榄色柳莺类。体形修长，尾显短，喙较粗厚且长；头扁平，眼先及贯眼纹近黑色。具明显的黄白色长眉纹延伸至颈侧；上体深橄榄色，通常仅具一道黄白色翅斑，中覆羽羽尖成第二道模糊的翼斑；下体略白色，两胁褐橄榄色。虹膜深褐色；上喙深褐色，下喙黄色；跗跖褐色。

栖息环境：繁殖于潮湿的针叶林、针阔混交林及林缘灌丛中，活动在各种林地生境。

食　　性：主要以昆虫为食。

习　　性：喜开阔森林地区、红树林、次生林及林缘地带，也与其他鸟混群，在树叶间寻食。

182

冕柳莺
Phylloscopus coronatus
Eastern Crowned Warbler

别　　名	冠羽柳莺
居留类型	旅鸟
保护等级	浙江省一般保护动物
濒危等级	中国生物多样性红色名录：无危（LC） IUCN：无危（LC）

分　　布：主要分布于亚洲东部。在中国除宁夏、青海、海南外，见于各省，包括台湾。

形　　态：中型的黄橄榄色柳莺类。上体橄榄绿色，头顶暗色，眼先及贯眼纹近黑色，具近白色的眉纹和淡黄色顶纹，飞羽具黄色羽缘，仅一道黄白色翼斑；下体近白色，尾下覆羽淡黄色。虹膜深褐色；上喙褐色，下喙黄色；跗跖灰色。

栖息环境：繁殖时喜低海拔的阔叶林及针阔混交林、针叶林，迁徙时喜阔叶林。

食　　性：主要以昆虫为食。

习　　性：喜活动于红树林、林地及林缘，与其他鸟混群，通常见于较大树木的树冠层。

183

棕脸鹟莺
Abroscopus albogularis
Rufous-faced Warbler

别　名	棕面鹟莺
居留类型	留鸟
保护等级	浙江省一般保护动物
濒危等级	中国生物多样性红色名录：无危（LC） IUCN：无危（LC）

分　　布：广布于东洋界。在中国分布于秦岭以南地区，包括海南和台湾。

形　　态：小型色彩亮丽而有特色的树莺类。头栗色，具黑色侧冠纹。上体橄榄绿色，腰淡黄色；脸黄色，喉白色，杂黑色点斑；下体白色，上胸沾黄色。虹膜褐色；上喙色暗或橙黄色，下喙橙黄色；跗跖粉褐色。

栖息环境：栖于常绿林及竹林密丛。

食　　性：主要以昆虫为食。

习　　性：常多单独或成对活动。

184

强脚树莺
Horornis fortipes
Brownish-flanked Bush Warbler

别　　名	山树莺
居留类型	留鸟
保护等级	浙江省一般保护动物
濒危等级	中国生物多样性红色名录：无危（LC） IUCN：无危（LC）

分　　布：分布于喜马拉雅山脉、东亚及东南亚。在中国广布于秦岭及其以南地区，包括台湾。

形　　态：小型的暗褐色树莺类。具细长的皮黄色眉纹，贯眼纹黑褐色；颊部和耳羽褐色；下体偏白色而染褐黄色，尤其是胸侧、两胁及尾下覆羽黄褐色；幼鸟黄色较多。虹膜褐色；上喙深褐色，下喙基色浅；跗跖肉棕色。

栖息环境：栖息于中低山常绿阔叶林、次生林树丛和灌丛间，冬季出没于山脚和平原地带的果园、茶园、农耕地及村庄竹丛或灌丛中。

食　　性：主要以昆虫为食。

习　　性：藏于浓密灌丛，易闻其声但难见其踪，通常独处。

185

红头长尾山雀
Aegithalos concinnus
Black-throated Bushtit

别　　名	红头山雀
居留类型	留鸟
保护等级	浙江省一般保护动物
濒危等级	中国生物多样性红色名录：无危（LC） IUCN：无危（LC）

分　　布：分布于喜马拉雅山脉至东南亚北部。在中国分布于秦岭－淮河以南，向西延伸至西藏南部和东南部，包括台湾，也见于内蒙古中部、山东。

形　　态：小型活泼优雅的长尾山雀类。雌雄相似，各亚种有别。头顶及颈背棕色，贯眼纹宽呈黑色，颏及喉白色，具黑色半圆形胸兜，下体白色而具不同程度的栗色。幼鸟头顶色浅，喉白色，具狭窄的黑色顶纹。虹膜黄色；喙黑色；跗跖橘黄色。

栖息环境：栖息于山地森林和灌木林间，也见于果园、茶园等人类活动区附近。

食　　性：主要以昆虫为食。

习　　性：性活泼，结大群，常与其他种类混群。

186

棕头鸦雀
Sinosuthora webbiana
Vinous-throated Parrotbill

别　名	红头仔、黄腾、黄豆雀、粉红鹦嘴
居留类型	留鸟
保护等级	浙江省一般保护动物
濒危等级	中国生物多样性红色名录：无危（LC） IUCN：无危（LC）

分　布： 分布于俄罗斯、朝鲜、越南北部及缅甸东北部。在中国亚种众多，从东北至华南、西南，均有分布，包括台湾。

形　态： 小型的粉褐色莺鹛类。喙小似山雀，头顶至上背及两翼栗褐色，喉及上胸粉褐色略具细纹。虹膜褐色，眼圈不明显；喙灰或褐色，喙端色较浅；跗跖粉灰色。

栖息环境： 栖息于中低山阔叶林和混交林林缘灌丛地带，也栖息于疏林草坡、竹丛、矮树丛和高草丛中。

食　性： 主要以昆虫为食。

习　性： 活泼而好结群，通常活动于林下植被及低矮树丛。

187

栗耳凤鹛
Yuhina castaniceps
Striated Yuhina

别　　名	栗颈凤鹛
居留类型	留鸟
保护等级	浙江省一般保护动物
濒危等级	中国生物多样性红色名录：无危（LC） IUCN：无危（LC）

分　　布： 分布于喜马拉雅山脉东段、印度东北部及中南半岛北部。在中国分布于长江以南大部分地区，云南西北部、西部及西藏的东南部。

形　　态： 中型绣眼鸟类。上体偏灰色，脸颊栗色延伸成后颈圈，具灰色短羽冠，上体白色羽轴形成细小纵纹；下体近白色，尾深褐灰色，羽缘白色。虹膜褐色；喙红褐色，喙端色深；跗跖粉红色。

栖息环境： 栖息于亚热带或热带湿润的低地和山地沟谷雨林、常绿阔叶林和混交林中。

食　　性： 主要以昆虫为食。

习　　性： 性活泼，通常吵嚷成群，于林冠的较低层捕食昆虫。

188

暗绿绣眼鸟
Zosterops japonicus
Swinhoe's White-eye

别　　名	绿绣眼
居留类型	留鸟
保护等级	浙江省一般保护动物
濒危等级	中国生物多样性红色名录：无危（LC） IUCN：无危（LC）

分　　布： 分布于欧亚大陆、非洲北部、朝鲜半岛、日本及东南亚。在中国分布于整个东部和南部地区，包括海南和台湾，西至甘肃南部。

形　　态： 小型而可人的绣眼鸟类。上体鲜亮橄榄绿色，具明显的白色眼圈和黄色的喉；胸及两胁灰色，腹白色，具极浅的粉褐色。虹膜浅褐色；喙灰色；跗跖偏灰色。

栖息环境： 栖息于各种类型森林中，也栖息于果园、林缘及人类活动区。

食　　性： 主要以昆虫为食，也吃植物性食物。

习　　性： 性活泼而喧闹，常单独、成对或成小群活动。

189

灰眶雀鹛
Alcippe morrisonia
Grey-cheeked Fulvetta

别　　名	白眼环眉
居留类型	留鸟
保护等级	浙江省一般保护动物
濒危等级	中国生物多样性红色名录：无危（LC） IUCN：无危（LC）

分　　布：分布于中南半岛。在中国分布于秦岭－淮河以南，最北至陕西南部、河南南部和甘肃东南部，包括海南和台湾。

形　　态：小型喧闹的幽鹛类。雌雄相似。额、头顶、枕、后颈暗灰色或褐灰色，眉纹不明显，白色眼眶宽而明显，喉部灰色较淡，具细小条纹。上体余部褐色，下体皮黄色。虹膜红色；喙灰色；跗跖偏粉色。

栖息环境：栖息于山地和山脚平原地带的森林和灌丛中。

食　　性：主要以昆虫为食，也吃植物性食物。

习　　性：常与其他种类混群，偶见于大胆围攻小型鸮类及其他猛禽。

噪鹛科 Leiothrichidae

雀形目 PASSERIFORMES

190

画眉

Garrulax canorus
Hwamei

别　　名	金画眉
居留类型	留鸟
保护等级	国家二级重点保护野生动物
濒危等级	中国生物多样性红色名录：近危（NT） IUCN：无危（LC）

分　　布：分布于东南亚东北部及东亚。在中国广泛分布于秦岭－淮河以南大部分山区及丘陵地带，包括海南。

形　　态：小型噪鹛类。雌雄相似。上体棕褐色，头顶、颈背及喉部具深褐色细纹；眼圈白色，延伸至眼后形成白色眉线；腹部深灰色，尾下覆羽棕色并具深褐色横纹。虹膜黄色；喙和跗跖偏黄色。

栖息环境：栖息于低山、丘陵和山脚平原地带的矮树丛和灌木丛中，也栖于林缘、农田、旷野、村落和城镇附近。

食　　性：主要以昆虫为食。

习　　性：性胆怯而机敏，常单独或成对活动，偶尔也结成小群。平时多隐匿于茂密的灌木丛和杂草丛中，喜在灌丛中穿飞和栖息，不时地上到树枝间跳跃、飞翔。

191

褐河乌
Cinclus pallasii
Brown Dipper

别　　名	水乌鸦	
居留类型	留鸟	
保护等级	浙江省一般保护动物	
濒危等级	中国生物多样性红色名录：无危（LC） IUCN：无危（LC）	

分　　布：分布于中亚至东亚以及东南亚北部。在中国除海南和青藏高原腹地外广泛分布。

形　　态：大型的深褐色河乌类。眼圈白色，常被周围的黑褐色羽毛遮盖；全身呈黑褐色或咖啡黑色。虹膜褐色；喙和跗跖深褐色。

栖息环境：栖息于中低海拔的溪流及河谷。

食　　性：主要以昆虫、水生动物为食。

习　　性：成对活动于高海拔的繁殖地，略有季节性垂直迁移。常栖于巨大砾石，头常点动，翘尾并偶尔抽动。善潜水，炫耀时两翼上举并振动。

192

八哥
Acridotheres cristatellus
Crested Myna

别　　名	凤头八哥、冠八哥
居留类型	留鸟
保护等级	浙江省一般保护动物
濒危等级	中国生物多样性红色名录：无危（LC） IUCN：无危（LC）

分　　布：分布于东亚及东南亚地区。在中国分布于黄河以南大部分地区，也向北扩至北京、山东。

形　　态：中型黑色椋鸟类。通体黑色，前额有长而竖直的羽簇，冠羽突出；具白色翅斑，尾端有狭窄的白色，尾下覆羽具黑色及白色横纹。虹膜橘黄色；喙浅黄色，喙基红色；跗跖暗黄色。

栖息环境：栖息于低山丘陵和山脚平原地带的次生阔叶林、竹林和林缘疏林中，也栖息于农田、牧场、果园和人类活动区附近。

食　　性：食性杂，食物组成随季节和环境而变化。

习　　性：常结小群生活，在地面高视阔步而行，一般见于旷野、农田、城镇及花园。

193

丝光椋鸟
Spodiopsar sericeus
Red-billed Starling

别　　名	丝毛椋鸟
居留类型	留鸟
保护等级	浙江省一般保护动物
濒危等级	中国生物多样性红色名录：无危（LC） IUCN：无危（LC）

分　　布：分布于东亚及东南亚地区。在中国分布于长江流域及东部至以南地区，包括海南和台湾，北至辽宁。

形　　态：中型灰黑白色椋鸟类。雄鸟头、颈白色或棕白色，具白色丝状羽；背深灰色；胸灰色，往后均变淡；喙红色，两翼及尾黑色，飞行时初级飞羽的白斑明显，上体余部灰色。虹膜黑色；喙红色，喙端黑色；跗跖暗橘黄色。

栖息环境：栖息于低山丘陵和山脚平原地区的次生林、丛林和稀树草坡等开阔地带，也出现于河谷和海岸。

食　　性：主要以昆虫为食。

习　　性：喜结群，常在地上觅食，有时也和其他鸟类一起在农田和草地上觅食。

194

灰椋鸟
Spodiopsar cineraceus
White-cheeked Starling

别　　名	高粱头
居留类型	冬候鸟
保护等级	浙江省一般保护动物
濒危等级	中国生物多样性红色名录：无危（LC） IUCN：无危（LC）

分　　布： 分布于亚洲东部及东南亚地区。在中国分布于除西藏外各地。

形　　态： 中型棕灰色椋鸟类。头黑色，头侧具白色纵纹，颊和耳覆羽白色微杂有黑色纵纹；上体灰褐色，外侧尾羽羽端及次级飞羽具狭窄横纹白色，尾下覆羽白色。虹膜褐色；喙橘黄色，尖端黑色；跗跖暗橘黄色。

栖息环境： 栖息于低山丘陵和开阔平原地带的疏林草甸、河谷阔叶林、次生林、农田等生境。

食　　性： 主要以昆虫为食，也吃植物性食物。

习　　性： 性喜成群，常在草甸、河谷、农田等潮湿地上觅食，休息时多栖于电线、电杆和树木枯枝上。

195

灰背鸫
Turdus hortulorum
Grey-backed Thrush

别　　名	灰背黄鸫
居留类型	冬候鸟
保护等级	浙江省一般保护动物
濒危等级	中国生物多样性红色名录：无危（LC） IUCN：无危（LC）

分　　布：分布于俄罗斯西伯利亚东南部、远东、朝鲜、亚洲东部。在中国分布于除宁夏、西藏、青海外的各省，包括台湾。

形　　态：小型灰色鸫类。雄鸟上体全灰色，颏、喉灰色或偏白色，胸灰色，有的具黑褐色三角形羽干斑；腹及尾下覆羽白色，两胁及翼下橙棕色。雌鸟上体褐色较重，喉及胸白色，胸侧及两胁橙棕色，胸部具黑色点斑。虹膜褐色；喙黄色；跗跖肉色。

栖息环境：栖息于低山丘陵地带的茂密森林中。

食　　性：主要以昆虫为食，也吃植物性食物。

习　　性：在林地及公园的腐叶间跳动。

196

乌鸫
Turdus mandarinus
Chinese Blackbird

别　　名	百舌
居留类型	留鸟
保护等级	浙江省一般保护动物
濒危等级	中国生物多样性红色名录：无危（LC） IUCN：无危（LC）

分　　布：中国特有种。在中国分布于除东北、西北外的广泛地区，包括海南及台湾。

形　　态：中型全深色鸫类。雄鸟全身黑色，眼圈略浅具窄的黄色眼圈；颏、喉具黑褐色纵纹，喙橘黄色。雌鸟上体黑褐色，下体深褐色，颏、喉、上胸有纵纹。虹膜褐色；跗跖褐色。

栖息环境：栖息于各种不同类型的森林中，尤其喜欢栖息在农田旁树林、果园、村镇边缘及平原草地或园圃间。

食　　性：主要以昆虫为食。

习　　性：常结小群在地面上奔跑，也常见于垃圾堆及厕所等处找食。

197

白腹鸫
Turdus pallidus
Pale Thrush

别　　名	黄鸫
居留类型	冬候鸟
保护等级	浙江省一般保护动物
濒危等级	中国生物多样性红色名录：无危（LC） IUCN：无危（LC）

分　　布：分布于俄罗斯东南部、东亚。在中国见于各省，包括台湾。

形　　态：中型褐色鸫类。雄鸟额、头、枕部灰褐色，额基偏褐色；眼先、颊和耳羽黑褐色，耳羽具浅黄色、白色细纹；背栗色，腹部白色。雌鸟头褐色，喉偏白色而略具细纹。虹膜褐色；上喙灰色，下喙黄色；跗跖浅褐色。

栖息环境：栖于低地森林、次生植被、公园及花园等生境。

食　　性：主要以昆虫为食。

习　　性：性胆怯，多善藏匿在森林下层灌木间或在地上活动和觅食。除繁殖期单独或成对活动外，其他季节多成群。

198

斑鸫
Turdus eunomus
Dusky Thrush

别　名	斑点鸫
居留类型	冬候鸟
保护等级	浙江省一般保护动物
濒危等级	中国生物多样性红色名录：无危（LC） IUCN：无危（LC）

分　　布： 广布于欧亚大陆东部、朝鲜和日本。在中国分布于除西藏外各地。

形　　态： 中型鸫类。雌雄相似。成鸟上体黑褐色，头顶黑色，眉纹白色，颊白色具褐色杂斑，额、喉白色，具深褐色短纵纹；胸部至两胁黑色，具白色羽缘；腹部中央至尾下覆羽白色；翼上覆羽主要为棕色，具浅棕色的翼线和棕色的宽阔翼斑。虹膜褐色；上喙偏黑色，下喙黄色；跗跖褐色。

栖息环境： 栖息于针叶林、落叶林的林缘和灌丛、草地等生境。

食　　性： 主要以昆虫为食。

习　　性： 结群活动，性活泼，喜在地面觅食。

199

蓝喉歌鸲
Luscinia svecica
Bluethroat

别　名	蓝点颏
居留类型	旅鸟
保护等级	国家二级重点保护野生动物
濒危等级	中国生物多样性红色名录：无危（LC） IUCN：无危（LC）

分　布：广布于欧亚大陆、北非、阿拉斯加、印度及东南亚。在中国分布于大部分地区，包括台湾。

形　态：中型色彩艳丽的鸲类。雄鸟体羽灰褐色，头顶羽色较深，颏、喉部亮蓝色，中央有栗色块斑，胸部下面有黑色横纹色和淡栗色两道宽带，眉纹近白色，外侧尾羽基部的棕色于飞行时可见；下体白色，尾深褐色。雌鸟喉白色而无橘黄色及蓝色，黑色的细颊纹与由黑色点斑组成的胸带相连。虹膜深褐色；喙深褐色；跗跖粉褐色。

栖息环境：栖息于苔原、森林、沼泽及荒漠边缘的各类灌丛或芦苇丛中。

食　性：主要以昆虫为主，也吃植物性食物。

习　性：惧生，多取食于地面，常留于近水的覆盖茂密处。走似跳，不时地停下抬头及摆尾；站姿直。

200

红胁蓝尾鸲
Tarsiger cyanurus
Orange-flanked Bluetail

别　　名	蓝尾歌鸲
居留类型	冬候鸟
保护等级	浙江省一般保护动物
濒危等级	中国生物多样性红色名录：无危（LC） IUCN：无危（LC）

分　　布：繁殖于欧洲、亚洲东北部至朝鲜半岛、堪察加半岛的广大地区。在中国除西藏外，见于各省，包括台湾。

形　　态：小型而喉白色的鹟类。跗跖较歌鸲类短，但尾较歌鸲类长。特征为橘黄色两胁与白色腹部对比。雄鸟上体蓝色，头部蓝灰色，具短粗白色眉纹，翼上小覆羽及尾上覆羽亮蓝色；额、喉及胸部棕白色，两胁橘黄色，腹至尾下覆羽白色。雌鸟整体呈黄褐色，具白色眼圈；喉白色，胸沾褐色，两胁橙黄色，其余下体白色；尾羽蓝色。喙黑色，跗跖黑褐色。

栖息环境：栖息于山地针叶林及针阔混交林中，多见于阴湿林下。

食　　性：主要以昆虫为主，也吃植物性食物。

习　　性：常单独或成对活动，有时也成小群。

201

鹊鸲
Copsychus saularis
Oriental Magpie Robin

别　　名	四喜
居留类型	留鸟
保护等级	浙江省一般保护动物
濒危等级	中国生物多样性红色名录：无危（LC） IUCN：无危（LC）

分　　布：广布于东洋界，在中国分布于秦岭－淮河以南各地，包括海南。

形　　态：中型的黑白色鹟类。雄鸟头、胸及背闪蓝黑色略具金属光泽，两翼及中央尾羽黑色，外侧尾羽白色，腹白色。雌鸟似雄鸟，上体和胸部呈灰色。虹膜褐色；喙及跗跖黑色。

栖息环境：栖息于低山、丘陵和山脚平原地带的次生林、竹林、林缘疏林灌丛、村庄和城镇等生境。

食　　性：主要以昆虫为食。

习　　性：飞行时易见，栖于显著处鸣唱或炫耀；多在地面取食，不停地把尾低放展开又骤然合拢伸直。

202

北红尾鸲
Phoenicurus auroreus
Daurian Redstart

别　　名	灰顶尾鸲
居留类型	冬候鸟
保护等级	浙江省一般保护动物
濒危等级	中国生物多样性红色名录：无危（LC） IUCN：无危（LC）

分　　布：主要分布于亚洲东部。在中国分布于除西部地区外各地，包括海南和台湾。

形　　态：中型而色彩艳丽的鹟类。雄鸟头顶至枕部呈灰白色，背部为黑色；头侧、颏及喉黑色，下体其余部分为橙棕色；两翼黑色，但次级飞羽基部为白色，仅翼斑白色；中央一对尾羽黑褐色，其余尾羽橙棕色。雌鸟全身褐色或灰褐色，具有和雄鸟形状相似但略小的白色翼斑。虹膜深褐色；喙黑色；跗跖黑色。

栖息环境：栖息于山地、森林、河谷、林缘和居民点附近的灌丛、低矮树丛中。

食　　性：主要以昆虫为食。

习　　性：行动敏捷，常立于突出的栖处，尾颤动不停。

203

红尾水鸲
Rhyacornis fuliginosa
Plumbeous Water Redstart

别　　名	红尾溪鸲
居留类型	留鸟
保护等级	浙江省一般保护动物
濒危等级	中国生物多样性红色名录：无危（LC） IUCN：无危（LC）

分　　布：分布于东亚至东南亚北部，在中国除黑龙江、吉林、辽宁、新疆外广泛分布。

形　　态：小型的雄雌异色鹟类。雄鸟通体暗灰蓝色，额基、眼先黑色或蓝黑色；两翅黑褐色，腰至尾红色。雌鸟上体灰褐色，下体灰色杂以不规则的白色细斑，具两道白色翼斑，尾羽暗褐色，基部白色，并由内向外基部白色范围逐渐扩大。虹膜深褐色；喙黑色；跗跖褐色。

栖息环境：主要栖息于山地溪流与河谷沿岸，常见于多石的林间或林缘地带的溪流沿岸。

食　　性：主要以昆虫为食，也吃植物性食物。

习　　性：单独或成对活动。尾常摆动；炫耀时停在空中振翼，尾扇开，做螺旋形飞回栖处。领域性强，但常与河乌、溪鸲或燕尾混群。

204

紫啸鸫
Myophonus caeruleus
Blue Whistling Thrush

别　　名	乌精
居留类型	留鸟
保护等级	浙江省一般保护动物
濒危等级	中国生物多样性红色名录：无危（LC） IUCN：无危（LC）

分　　布：广布于亚洲中部至东部。在中国亚种众多，除东北和青藏高原以外的大部分地区。

形　　态：大型鸫类。雌雄相似。通体呈黑暗的蓝紫色，头及颈部的羽尖具闪光小羽片。仅翼覆羽具少量的浅色点斑。翼及尾沾紫色闪金属光泽，虹膜褐色；喙黄色或黑色；跗跖黑色。

栖息环境：栖息于山地森林溪流沿岸，尤以阔叶林和混交林中多岩地、山涧溪流沿岸较常见。

食　　性：主要以昆虫为食，也吃小型水生动物及植物性食物。

习　　性：单独或成对活动。性活泼而机警，地栖性，常在溪边岩石或乱石丛间活动。

205

黑喉石䳭
Saxicola maurus
Siberian Stonechat

别 名	野䳭
居留类型	冬候鸟
保护等级	浙江省一般保护动物
濒危等级	中国生物多样性红色名录：无危（LC） IUCN：未评估（NE）

分　　布：繁殖于古北界、日本、喜马拉雅山脉及东南亚的北部；冬季至非洲、中国南方、印度及东南亚。在中国广泛分布，包括海南及台湾。

形　　态：中型䳭类。雄鸟头部及飞羽黑色，颈侧白色，背部及翼上覆羽为黑色具褐色羽缘，腰白色；各亚种翼上白斑大小差异明显，胸色浓淡差异大。雌鸟上体大部分为黄褐色，色较暗而无黑色，下体皮黄色，仅翼上具白斑。虹膜深褐色；喙黑色；跗跖近黑色。

栖息环境：栖息于林区外围、村寨和农田附近及山坡和河谷的灌丛中，常见于灌丛、矮小树及农作物的梢端、地面岩石上或电线上。

食　　性：主要以昆虫为食，也吃小型脊椎动物及植物性食物。

习　　性：喜开阔生境如农田、花园及次生灌丛。

206

蓝矶鸫
Monticola solitarius
Blue Rock Thrush

别　　名	矶鸫
居留类型	留鸟
保护等级	浙江省一般保护动物
濒危等级	中国生物多样性红色名录：无危（LC） IUCN：无危（LC）

分　　布：广布于古北界南部、东洋界及非洲北部。在中国除青藏高原大部及东北北部以外广泛分布。

形　　态：中型青石灰色鸫类。雄鸟暗蓝灰色，具淡黑色及近白色的鳞状斑纹；腹部及尾下深栗色。雌鸟上体灰色沾蓝色，下体皮黄色而密布黑色鳞状斑纹；亚成鸟似雌鸟但上体具黑白色鳞状斑纹。虹膜褐色；喙黑色；跗跖黑色。

栖息环境：栖息于沟谷、山林、灌丛和石滩间，也见于村落、屋舍和废旧建筑等生境。

食　　性：主要以昆虫为食，也吃小型脊椎动物。

习　　性：单独或成对活动，常见于突出位置如岩石、房屋柱子及死树。

207

栗腹矶鸫
Monticola rufiventris
Chestnut-bellied Rock Thrush

别　　名	栗胸矶鸫
居留类型	留鸟
保护等级	浙江省一般保护动物
濒危等级	中国生物多样性红色名录：无危（LC） IUCN：无危（LC）

分　　布：广布于东洋界。在中国分布于华中、西南、东南及华南大部分地区，包括海南。

形　　态：体大而雄雌异色的鸫类。雄鸟上体蓝色，尾、喉及下体余部鲜艳栗色，具黑色脸罩及额部为亮丽蓝色而带光泽；雌鸟褐色，上体具近黑色的扇贝形斑纹，下体满布深褐色及皮黄色扇贝形斑纹，在深色耳羽后具偏白色的皮黄色月牙形斑，皮黄色的眼圈较宽。幼鸟具赭黄色点斑及褐色的扇贝形斑纹。虹膜深褐色；喙黑色；跗跖黑褐色。

栖息环境：栖息于中海拔山地的常绿阔叶林、次生林及林缘，也见于公园、苗圃、果园和村庄等有林地带。

食　　性：主要以昆虫为食，也吃小型脊椎动物。

习　　性：常单独或成对活动，偶见集成小群，直立而栖，尾缓慢地上下弹动，有时面对树枝，尾上举。

雀形目 PASSERIFORMES
鹟科Muscicapidae

208

北灰鹟
Muscicapa dauurica
Asian Brown Flycatcher

别　　名	宽嘴鹟
居留类型	旅鸟
保护等级	浙江省一般保护动物
濒危等级	中国生物多样性红色名录：无危（LC） IUCN：无危（LC）

分　　布： 分布于欧亚大陆东部，于南亚及东南亚越冬。在中国分布于东北、东部和中部地区，包括海南及台湾。

形　　态： 小型灰褐色鹟类。上体灰褐色，无半颈环，下体中央近白色，胸侧及两胁褐灰色，眼圈白色，冬季眼先偏白色；喙比乌鹟宽阔而扁，呈三角形；跗跖细弱。虹膜褐色；喙黑色，下喙基黄色；跗跖黑色。

栖息环境： 栖息于近溪流的落叶阔叶林、针阔混交林及针叶林下和林缘。

食　　性： 主要以昆虫为食。

习　　性： 常单独或成对活动，偶见成小群，停息在树冠层中下部侧枝或枝杈上。

209

灰纹鹟
Muscicapa griseisticta
Grey-streaked Flycatcher

别　　名	灰斑鹟
居留类型	旅鸟
保护等级	浙江省一般保护动物
濒危等级	中国生物多样性红色名录：无危（LC） IUCN：无危（LC）

分　　布：分布于亚洲东部。在中国分布于东北、东部地区。

形　　态：小型的褐灰色鹟类。眼圈白色不如北灰鹟明显，下体白色，胸及两胁满布深灰色纵纹；额具一狭窄的白色横带（野外不易看见），并具狭窄的白色翼斑；翼长，几乎与尾端平齐。虹膜褐色；喙黑色；跗跖黑色。

栖息环境：栖息于密林、开阔森林及林缘，甚至在城市公园的溪流附近。

食　　性：主要以昆虫为食。

习　　性：常单独或成对活动在树冠层中下部枝叶间。

210

叉尾太阳鸟
Aethopyga christinae
Fork-tailed Sunbird

别　　名	燕尾太阳鸟
居留类型	留鸟
保护等级	浙江省重点保护野生动物
濒危等级	中国生物多样性红色名录：无危（LC） IUCN：无危（LC）

分　　布： 分布于中国南方及越南。在中国分布于长江以南部分地区，包括海南。

形　　态： 小型而纤弱的花蜜鸟类。雄鸟顶冠及颈背金属绿色，头侧黑色而具闪辉绿色的髭纹；额、喉、上胸暗红色，上体橄榄色或近黑色，腰黄色；尾上覆羽及中央尾羽闪辉金属绿色，中央两尾羽有尖细的延长，外侧尾羽黑色而端白色；下体余部污橄榄白色。雌鸟甚小，上体橄榄色，下体浅绿色，额部、喉部及下体浅黄色；尾羽黑褐色，外侧尾羽具白色端斑。虹膜褐色；喙黑色；跗跖黑色。

栖息环境： 栖息于中山、低山丘陵地带的山沟、山溪旁和山坡的原始或次生茂密阔叶林边缘，也见于人类活动区附近的灌树丛中，或活动在热带雨林和油茶林。

食　　性： 主要以花蜜为主食，也吃昆虫。

习　　性： 性情活跃不畏人，行动敏捷，总是不停地在枝梢间跳跃飞行；多常单独活动，有时成对或成小群。

211

白腰文鸟
Lonchura striata
White-rumped Munia

别　　名	尖尾文鸟
居留类型	留鸟
保护等级	浙江省一般保护动物
濒危等级	中国生物多样性红色名录：无危（LC） IUCN：无危（LC）

分　　布：分布于南亚、东亚及东南亚。在中国分布于长江流域周边及以南大部分地区，包括海南和台湾。

形　　态：中型梅花雀类。上体深褐色，具尖形的黑色尾，腰白色，腹部皮黄白色；背上有白色纵纹，下体具细小的皮黄色鳞状斑及细纹。亚成鸟色较淡，腰皮黄色。虹膜褐色；喙灰色；跗跖灰色。

栖息环境：栖息于低山、丘陵和山脚平原地带，常见于林缘、次生灌丛、农田及花园。

食　　性：主要以农作物为食，也吃昆虫。

习　　性：性喧闹吵嚷，结小群生活。

212

斑文鸟
Lonchura punctulata
Scaly-breasted Munia

别　　名	鳞胸文鸟
居留类型	留鸟
保护等级	浙江省一般保护动物
濒危等级	中国生物多样性红色名录：无危（LC） IUCN：无危（LC）

分　　布：分布于南亚、东亚及东南亚。在中国分布于西藏东南部及西南地区，长江流域周边及以南大部分地区，包括海南及台湾。

形　　态：小型暖褐色的梅花雀类。雌雄相似。上体褐色，羽轴白色而成纵纹，下背和尾上覆羽羽缘白色形成白色鳞状斑，尾橄榄黄色；喉红褐色，下体白色，胸及两胁具深褐色鳞状斑。亚成鸟下体浓皮黄色而无鳞状斑。虹膜红褐色；喙蓝灰色；跗跖灰黑色。

栖息环境：栖息于低山、丘陵、山脚和平原地带的农田、村落、林缘疏林及河谷地区。

食　　性：主要以农作物为食，也吃昆虫。

习　　性：成对或与其他文鸟混成小群，具典型的文鸟摆尾习性，且活泼好飞。

213

麻雀
Passer montanus
Eurasian Tree Sparrow

别　名	树麻雀
居留类型	留鸟
保护等级	浙江省一般保护动物
濒危等级	中国生物多样性红色名录：无危（LC） IUCN：无危（LC）

分　　布：广布于整个古北界。在中国几乎见于所有地区，包括海南和台湾。

形　　态：小型矮圆而活跃的雀类。雌雄相似。额、头顶至后颈栗褐色，颈背具完整的灰白色领环；头侧白色，耳部有一黑斑，在白色的头侧极为醒目；背沙褐色或棕褐色具黑色纵纹；颏、喉黑色，其余下体污灰白色微沾褐色。幼鸟似成鸟但色较暗淡，喙基黄色。虹膜深褐色；喙黑色；跗跖粉褐色。

栖息环境：分布最广、适应能力最强的鸟之一，高可至中海拔地区。近人栖居，喜城镇乡村生境。

食　　性：食性杂，食物组成随季节和环境变化。

习　　性：性喜成群，除繁殖期外，常成群活动。

214

山鹡鸰
Dendronanthus indicus
Forest Wagtail

别　　名	林鹡鸰
居留类型	夏候鸟
保护等级	浙江省一般保护动物
濒危等级	中国生物多样性红色名录：无危（LC） IUCN：无危（LC）

分　　布：繁殖于东亚，南迁越冬于印度、东南亚。在中国除西藏、新疆外，见于各省，包括台湾。

形　　态：中型褐色及黑白色林栖型鹡鸰类。雌雄相似。上体灰褐色，眉纹白色；两翼具黑白色的粗显斑纹；下体白色，胸上具两道黑色的横斑纹，其中一道横纹有时不完整。虹膜灰色；喙角质褐色，下喙色较淡；跗跖偏粉色。

栖息环境：栖息于各种落叶林、次生林，也见于公园、种植园中。

食　　性：主要以昆虫为食。

习　　性：单独或成对活动，在开阔森林地面穿行，尾轻轻往两侧摆动。

215

黄鹡鸰
Motacilla tschutschensis
Eastern Yellow Wagtail

别　　名	东方黄鹡鸰
居留类型	旅鸟
保护等级	浙江省一般保护动物
濒危等级	中国生物多样性红色名录：无危（LC） IUCN：无危（LC）

分　　布：繁殖于西伯利亚至阿拉斯加；南迁至印度、中国、东南亚、菲律宾、印度尼西亚、新几内亚及澳大利亚。在中国亚种众多，分布于东南部地区至新疆、广东、广西、福建、海南等地。

形　　态：中型带褐色或橄榄色的鹡鸰类。成鸟背部橄榄绿色或橄榄褐色，尾较短，飞行时无白色翼纹，腰黄绿色；头部颜色因各亚种而异。虹膜褐色；喙褐色；跗跖褐色至黑色。

栖息环境：栖息于低山丘陵、平原以及高海拔山地，常在林缘、林中溪流、平原河谷、村野、湖畔和居民点附近活动。

食　　性：主要以昆虫为食。

习　　性：多成对或成小群活动，迁徙期也见大群活动，喜欢停栖在河边或河心石头上，尾不停地上下摆动。

216

灰鹡鸰
Motacilla cinerea
Grey Wagtail

别　　名	黄腹灰鹡鸰
居留类型	冬候鸟
保护等级	浙江省一般保护动物
濒危等级	中国生物多样性红色名录：无危（LC） IUCN：无危（LC）

分　　布：国外繁殖于欧洲至西伯利亚及阿拉斯加，南迁至非洲、印度、东南亚至新几内亚和澳大利亚越冬。在中国见于各省，包括台湾。

形　　态：中型而尾长的偏灰色鹡鸰类。腰黄绿色，下体黄色。与黄鹡鸰的区别在于上背灰色，飞行时白色翼斑和黄色的腰显现，且尾较长。成鸟下体黄色，亚成鸟偏白色。虹膜褐色；喙黑褐色；跗跖粉灰色。

栖息环境：栖息于溪流、河谷、湖泊、水塘、沼泽等水域岸边或水域附近的草地、农田、住宅和林区居民点。

食　　性：主要以昆虫为食。

习　　性：常单独或成对活动，有时也集成小群，或与白鹡鸰混群。

217

白鹡鸰
Motacilla alba
White Wagtail

别　　名	点水雀
居留类型	留鸟
保护等级	浙江省一般保护动物
濒危等级	中国生物多样性红色名录：无危（LC） IUCN：无危（LC）

分　　布：国外繁殖于欧亚大陆及北非、东亚，南迁至东南亚越冬。在中国有多个亚种，其中亚种*M. a. leucopsis*为留鸟，广布全国大部分地区。

形　　态：中型黑、灰及白色鹡鸰类。体羽上体灰色，下体白色，两翼及尾黑白相间；冬季头后、颈背及胸具黑色斑纹但不如繁殖期扩展；黑色的多少随亚种而异。虹膜褐色；喙及跗跖黑色。

栖息环境：栖息于河流、湖泊、水库、水塘等水域岸边，也栖息于农田、湿草原、沼泽等湿地，有时还栖于水域附近的居民点和公园。

食　　性：主要以昆虫为食。

习　　性：常单独、成对或成小群活动。

鹡鸰科Motacillidae

218

田鹨
Anthus richardi
Richard's Pipit

别　　名	花鹨
居留类型	旅鸟
保护等级	浙江省一般保护动物
濒危等级	中国生物多样性红色名录：无危（LC） IUCN：无危（LC）

分　　布：繁殖于东亚至西伯利亚，越冬于东南亚、南亚。在中国广泛分布于除青藏高原、云南外各地。

形　　态：大型而站势高的鹡鸰类。头部较大，呈楔形，头顶较扁平；耳羽颜色丰富，对比四周要深，喙较为细长、粗壮。上体及头顶条纹不明显，中覆羽边沿呈浅黄色，中部在完好状态下呈深棕色；胸部深色条纹，胸部底色和两侧颜色对比较为明显，胸部下方和腹部颜色较浅。虹膜褐色；喙粉红褐色；跗跖较长，粉红色。

栖息环境：栖息于开阔平原、草地、河滩、林缘灌丛、林间空地以及农田和沼泽地带。

食　　性：主要以昆虫为食。

习　　性：常单独或成对活动，迁徙季节也成群。有时也和云雀混杂在一起觅食。

219

树鹨
Anthus hodgsoni
Olive-backed Pipit

别　名	木鹨
居留类型	冬候鸟
保护等级	浙江省一般保护动物
濒危等级	中国生物多样性红色名录：无危（LC） IUCN：无危（LC）

分　　布：繁殖于喜马拉雅山脉及东亚，越冬于南亚、东南亚、菲律宾及加里曼丹岛。在中国除西藏部分地区外均有分布。

形　　态：中型橄榄色鹡鸰类。具粗显的白色眉纹，通常有典型的"断眉"，即眉纹后下方存在一个与眉纹颜色相近的区域，且与眉纹不连续，极少数个体不存在此区域；上体纵纹较少，喉部有黑色髭纹，背部橄榄绿色，有不明显的黑褐色纵纹，具两道白色翼斑，喉至胸及外侧尾羽乳白色，腹部白色，胸、胁具黑色粗重斑。虹膜褐色；上喙角质色，下喙偏粉色；跗跖粉红色。

栖息环境：迁徙期间和冬季多栖于低山丘陵和山脚平原草地。常活动在林缘、路边、河谷、林间空地、高山苔原、草地等各类生境，也出现在人类活动区。

食　　性：主要以昆虫为食，也吃植物性食物。

习　　性：性机警，常成对或成小群活动，迁徙期间也集群，多在地上奔跑觅食。

220

黄腹鹨
Anthus rubescens
Buff-bellied Pipit

别　名	褐色鹨
居留类型	冬候鸟
保护等级	浙江省一般保护动物
濒危等级	中国生物多样性红色名录：无危（LC） IUCN：无危（LC）

分　布：繁殖于西伯利亚东部至萨哈林岛、北美洲，东亚族群越冬南迁至日本、韩国、中国东部和南部及东南亚。在中国分布于除西藏、青海、宁夏外各地。

形　态：中型褐色而满布纵纹的鹡鸰类。似水鹨但上体褐色浓重，胸及两胁纵纹浓密，颈侧具近黑色的块斑。繁殖羽眉纹通常为黄白色，短粗，耳羽、背部灰褐色，有不明显的暗色纵纹及两条淡色翼斑；喉以下淡黄褐色，头侧、胸侧、胁部有黑色纵斑；尾羽外侧白色。非繁殖羽颈侧黑斑显著，胸、胁至上腹黑色纵斑更密、更显著。虹膜褐色；上喙角质色，下喙偏粉色；跗跖暗黄色。

栖息环境：栖息于阔叶林、混交林和针叶林等山地森林中，常活动在林缘、路边、河谷、林间空地、高山苔原、草地等各类生境，有时也出现在居民区。

食　性：主要以昆虫为食，也吃植物性食物。

习　性：性活跃，多成对或小群活动，不停地在地上或灌丛中觅食。

221

水鹨
Anthus spinoletta
Water Pipit

别　　名	冰鸡儿
居留类型	冬候鸟
保护等级	浙江省一般保护动物
濒危等级	中国生物多样性红色名录：无危（LC） IUCN：无危（LC）

分　　布：繁殖于欧洲西南、中亚、蒙古及中国，越冬至北非、中东、印度西北及中国南部。在中国繁殖从新疆西部的青藏高原边缘东至山西及河北，南至四川及湖北；南迁越冬至西藏东南部、云南；有迷鸟至海南和台湾。

形　　态：中型偏灰色而具纵纹的鹡鸰类。雌雄相似，眉纹显著长而清晰。繁殖羽下体粉红色而无明显纵纹，眉纹粉红色。非繁殖羽粉皮黄色的粗眉线明显，眼先有一条黑色线延伸至喙基，背灰色而具黑色粗纵纹，胸及两胁黑色斑纹细相对于黄腹鹨色淡，甚至不可见。虹膜褐色；喙暗褐色；跗跖肉色或暗褐色。

栖息环境：栖息于水域附近之湿地、沼泽及湖泊和河流的草边。

食　　性：主要以昆虫为食，也吃植物性食物。

习　　性：性机警，通常藏隐于近溪流处，比多数鹨姿势较平；单个或成对活动，迁徙期间也集成较大的群，多在地上奔跑觅食。

222

黑尾蜡嘴雀
Eophona migratoria
Chinese Grosbeak

别　　名	蜡嘴
居留类型	冬候鸟
保护等级	浙江省一般保护动物
濒危等级	中国生物多样性红色名录：无危（LC） IUCN：无危（LC）

分　　布： 分布于东亚至东南亚北部。在中国除西部地区和海南外广泛分布。

形　　态： 大型而敦实的燕雀类。成鸟头部、颊部、额部、头顶为黑色，自枕部开始，体羽变为褐灰色；背部为较深的褐色，从腰部羽色转为灰色，尾上覆羽灰色，尾羽黑色；下体自喉部以后均为浅灰褐色，两胁沾栗褐色，下腹部和尾下覆羽白色。幼鸟头部没有黑色头罩，头顶、眼先、颊部均为灰褐色；颈侧、喉部、耳羽则为灰色，肩部、背部黄褐色；腰部和尾上覆羽近灰色，飞羽和翅上覆羽均为黑褐色，端部白色；下体为淡灰褐色，胁部羽毛不如成鸟鲜艳，尾下覆羽污白色，喙与成鸟相同，为粗壮的圆锥形。

栖息环境： 栖息于低海拔林地，也常见于村镇及城市公园。

食　　性： 主要以植物性食物为食，也吃昆虫。

习　　性： 繁殖期单独或成对活动，非繁殖期也成群活动。

223

金翅雀
Chloris sinica
Grey-capped Greenfinch

别　　名	黄弹鸟
居留类型	留鸟
保护等级	浙江省一般保护动物
濒危等级	中国生物多样性红色名录：无危（LC） IUCN：无危（LC）

分　　布：分布于亚洲东部。在中国除新疆、西藏和海南以外的大部分地区。

形　　态：小型黄、灰及褐色燕雀类。具鲜明宽阔的黄色翼斑。成体雄鸟顶冠及颈背灰色，前额、眉纹前段及颊部为黄绿色，眼先黑色；翼斑、外侧尾羽基部黄色。雌鸟似雄鸟但不及雄鸟鲜艳，头灰色，胸部具淡灰色纵纹。幼鸟色淡且多纵纹。虹膜深褐色；喙偏粉色；跗跖粉褐色。

栖息环境：栖于灌丛、旷野、人工林、林园及林缘地带。

食　　性：主要以植物性植物为食，也吃昆虫。

习　　性：常成小群活动，除繁殖期成对活动外，也单独活动。

224

凤头鹀
Melophus lathami
Crested Bunting

别　　名	冠鹀
居留类型	留鸟
保护等级	浙江省一般保护动物
濒危等级	中国生物多样性红色名录：无危（LC） IUCN：无危（LC）

分　　布：分布于南亚、东亚及东南亚。在中国分布于西南、华南、华中、华东和东南沿海及以南大部分地区。

形　　态：大型有冠而尾羽无白色的鹀类。雄鸟栗、黑两色，两翼及尾栗色，尾端黑色；冬季上体黑色转为深栗色，并出现鳞状纹。雌鸟深橄榄褐色，上背及胸满布纵纹，较雄鸟的羽冠短，翼羽色深且栗色缘。幼鸟似雌鸟，但羽冠非常短。虹膜深褐色；喙灰褐色，下喙基偏粉色；跗跖棕色。

栖息环境：栖息于热带、亚热带地区的多草山坡和农田周围，常见于丘陵、开阔地面及矮草。

食　　性：主要以植物性植物为食，也吃昆虫和小型无脊椎动物。

习　　性：性机警，多单独或成对活动，少聚群。

225

三道眉草鹀
Emberiza cioides
Meadow Bunting

别　　名	草鹀
居留类型	留鸟
保护等级	浙江省一般保护动物
濒危等级	中国生物多样性红色名录：无危（LC） IUCN：无危（LC）

分　　布：分布于东亚。在中国分布于东北、华北、华东至南部，包括台湾。

形　　态：中型棕色鹀类。具醒目的黑白色头部图纹、栗色的胸带以及白色的眉纹、上髭纹由额及喉。雄鸟脸部有显著的褐色及黑白色图纹，胸栗色，腰棕色；雌鸟色较淡，眉线、下颊纹、胸皮黄色；喉与胸对比强烈，耳羽褐色而非灰色，白色翼纹不醒目，上背纵纹较少，腹部无栗色斑块。虹膜深褐色；上喙色深，下喙蓝灰色，喙端色深；跗跖粉褐色。

栖息环境：栖息于湿润的林缘地带和高山丘陵的开阔灌丛中。

食　　性：主要以植物性食物、无脊椎动物为食。

习　　性：性机警，一般成群活动。

226

栗耳鹀
Emberiza fucata
Chestnut-eared Bunting

别　名	赤胸鹀
居留类型	冬候鸟
保护等级	浙江省一般保护动物
濒危等级	中国生物多样性红色名录：无危（LC） IUCN：无危（LC）

分　　布：繁殖于西伯利亚中部、东部及蒙古极北部。在中国除青海、新疆、西藏外，见于各省。

形　　态：中型鹀类。雄鸟的栗色耳羽与灰色的顶冠及颈侧成对比；颈部图纹独特，为黑色下颊纹下延至胸部与黑色纵纹形成的颈纹相接，并与喉及其余部位的白色以及棕色胸带上的白色成对比。雌鸟与非繁殖羽雄鸟相似，但色彩较淡而少特征，不具棕色胸带，尾侧多白色。虹膜深栗褐色；喙偏褐色或角质蓝色；跗跖淡褐色。

栖息环境：栖息于陡峭的山坡，湿地和湿地边缘附近的空旷地区，茂密的洪泛平原草甸与灌木丛以及空旷的草丛和灌木丛；在冬季，也栖息于稻田和耕地。常见于低矮的灌木丛和高高的草丛，毗邻田野和沼泽。

食　　性：主要以植物性食物为食，也吃昆虫和小型无脊椎动物。

习　　性：分散单独活动，不太怕人。

227

小鹀
Emberiza pusilla
Little Bunting

别　名	鬼头儿
居留类型	冬候鸟
保护等级	浙江省一般保护动物
濒危等级	中国生物多样性红色名录：无危（LC） IUCN：无危（LC）

分　布：繁殖于欧洲极北部及亚洲北部。在中国见于各省，包括台湾。

形　态：小型而具纵纹的鹀类。头具条纹，雌雄相似。雄鸟繁殖羽顶部、脸部红褐色，眼圈色浅，眼后具一条较细的黑色贯眼纹，侧冠纹、耳羽外缘及髭纹黑色；上体主要为褐色，具深色纵纹；下体近白色，胸及两胁具有细碎的黑色纵纹；翼黑褐色，羽缘色浅；尾主要为黑褐色，具浅棕褐色羽缘，最外侧尾羽主要为白色。雄鸟非繁殖羽羽色较淡，头部红褐色与黑色侧冠纹混杂。雌鸟似雄鸟，但顶部、脸部及翼上覆羽的暗淡。虹膜深红褐色；喙灰色；跗跖红褐色。

栖息环境：栖息于低山、丘陵和山脚平原地带的灌丛、草地和小树丛，开阔的苔原和苔原森林地带。

食　性：主要以植物性食物为食，也吃昆虫和小型无脊椎动物。

习　性：常结小群活动，会与其他鹀类混群活动于小树上以及灌草丛间。

雀形目 PASSERIFORMES

鹀科 Emberizidae

228

田鹀
Emberiza rustica
Rustic Bunting

别　　名	白眉儿
居留类型	冬候鸟
保护等级	浙江省一般保护动物
濒危等级	中国生物多样性红色名录：近危（NT） IUCN：易危（VU）

分　　布： 分布于欧洲大部分，从挪威、芬兰至美国，向东经西伯利亚至堪察加半岛，南至日本、朝鲜半岛和中国。在中国分布于除青藏以外大部分地区。

形　　态： 小型而色彩明快的鹀类。雄鸟额、头顶至后颈以及头侧黑色，眉纹白色或土黄白色，枕部有一个白斑，颊纹土黄白色，其下具黑色髭纹位于喉侧，其余上体栗红色，背羽具黑褐色纵纹，两翅和尾黑褐色，外侧两对尾羽具楔状白斑；下体白色，胸具宽阔的栗色横带，两胁栗色。雌鸟与非繁殖羽雄鸟相似，但白色部位色暗，染皮黄色的脸颊后方通常具近白色点斑。虹膜深栗褐色；上喙灰色，下喙粉褐色；跗跖淡褐色。

栖息环境： 栖息于平原的杂木林、灌丛和沼泽草甸，低山的山麓及开阔田野。

食　　性： 主要以植物性食物为食，也吃昆虫和小型无脊椎动物。

习　　性： 迁徙时成群，并与其他鹀类混群，但冬季常单独活动，不畏人。

雀形目 PASSERIFORMES

鹀科 Emberizidae

229

黄胸鹀
Emberiza aureola
Yellow-breasted Bunting

别　　名	金鹀
居留类型	旅鸟
保护等级	国家一级重点保护野生动物
濒危等级	中国生物多样性红色名录：极危（CR） IUCN：极危（CR）

分　　布：分布于亚洲东部和欧洲东北部，繁殖区东抵朝鲜半岛、日本列岛和千岛群岛一带；越冬区则在南亚和东南亚，几乎覆盖整个印度支那半岛和大部分的南亚次大陆。在中国除西藏外见于各省。

形　　态：中型而色彩明亮的鹀类。雄鸟繁殖羽羽冠、颈及背部栗红色，脸和喉部为黑色，颈下有黄色环，黄色环与胸部间有一条栗色胸带相隔；背部棕褐色有黑褐色的纵纹，胁部有栗褐色的纵纹，肩上覆羽有明显的白色横斑纹，白斑后有一道较暗淡且细的翅斑；下体鲜黄色，非繁殖羽的羽色较暗淡，颊和喉部黄色，耳羽黑色而具杂斑。雌性顶纹沙色，两侧冠纹略深，眉纹皮黄色较明显，背部颜色和纵纹较雄鸟的略浅，肩上的白斑和翅斑较雄鸟的灰暗。虹膜深栗褐色；上喙灰色，下喙粉褐色；跗跖淡褐色。

栖息环境：栖息于低山丘陵和开阔平原地带的灌丛、草甸、草地和林缘地带，尤其喜欢溪流、湖泊和沼泽附近的灌丛、草地，不喜茂密的森林。

食　　性：主要以植物性食物为食。

习　　性：冬季喜结群，并常与其他种类混群。

雀形目 PASSERIFORMES
鹀科 Emberizidae

230

灰头鹀
Emberiza spodocephala
Black-faced Bunting

别　　名	黑脸鹀
居留类型	冬候鸟
保护等级	浙江省一般保护动物
濒危等级	中国生物多样性红色名录：无危（LC） IUCN：无危（LC）

分　　布：繁殖于西伯利亚、日本、中国东北及中西部。在中国除西藏外见于各省。

形　　态：小型黑、黄色的鹀类。雄鸟繁殖羽头、颈、背、喉及上胸灰色，眼先及颏黑色，背浅褐色具明显的黑色纵纹；两翼覆羽棕褐色，有两条浅色翼带，尾暗棕褐色，外侧尾羽白色明显；腹部近黄色或近白色，胁部有深褐色纵纹。雌鸟头、颈部橄榄色，头顶有浅褐色纵纹。虹膜深栗褐色；上喙近黑色并具浅色边缘，下喙偏粉色且喙端深色；跗跖粉褐色。

栖息环境：栖息于山区河谷溪流两岸、平原沼泽地的疏林和灌丛以及山边杂林、草甸灌丛。

食　　性：主要以植物性食物为食，也吃昆虫和小型无脊椎动物。

习　　性：单独或集小群于森林、林地及灌丛的地面觅食，适应多种生境。

参考文献

陈服官, 罗时有, 1998. 中国动物志: 鸟纲 第九卷[M]. 北京: 科学出版社.

丁平, 张正旺, 梁伟, 等, 2019. 中国森林鸟类[M]. 长沙: 湖南科学技术出版社.

李桂恒, 郑宝赉, 刘光佐, 1982. 中国动物志: 鸟纲 第十三卷[M]. 北京: 科学出版社.

刘小如, 丁宗苏, 方伟宏, 等, 2012. 台湾鸟类志(上、中、下)[M]. 2版. 台中: 台湾农业委员会林务局.

卢欣, 2018. 中国青藏高原鸟类[M]. 长沙: 湖南科学技术出版社.

马竞能, 菲利普斯, 何芬奇, 2000. 中国鸟类野外手册[M]. 长沙: 湖南教育出版社.

马志军, 陈水华, 2018. 中国海洋于湿地鸟类[M]. 长沙: 湖南科学技术出版社.

王岐山, 马鸣, 高育仁, 2006. 中国动物志: 鸟纲 第五卷[M]. 北京: 科学出版社.

萧木吉, 2014. 台湾野鸟手绘图鉴[M]. 台北: 台湾农业委员会林务局.

邢莲莲, 杨贵生, 马鸣, 2020. 中国草原与荒漠鸟类[M]. 长沙: 湖南科学技术出版社.

尹琏, 费嘉伦, 林超英, 2017. 中国香港及华南鸟类野外手册[M]. 长沙: 湖南教育出版社.

张雁云, 郑光美, 2021. 中国生物多样性红色名录: 脊椎动物 鸟类[M]. 北京: 科学出版社.

章麟, 张明, 2018. 中国鸟类图鉴: 鸻鹬版[M]. 福州: 海峡书局.

赵欣如, 2018. 中国鸟类图鉴[M]. 北京: 商务印书馆.

赵正阶, 2001. 中国鸟类志(上卷: 非雀形目)[M]. 长春: 吉林科学技术出版社.

赵正阶, 2001. 中国鸟类志(下卷: 雀形目)[M]. 长春: 吉林科学技术出版社.

郑宝赉, 1985. 中国动物志: 鸟纲 第八卷[M]. 北京: 科学出版社.

郑光美, 2017. 中国鸟类分类与分布名录[M]. 3版. 北京: 科学出版社.

郑作新, 1979. 中国动物志: 鸟纲 第二卷[M]. 北京: 科学出版社.

郑作新, 龙泽虞, 卢汰春, 1995. 中国动物志: 鸟纲 第十卷[M]. 北京: 科学出版社.

郑作新, 冼耀华, 关贯勋, 1991. 中国动物志: 鸟纲 第六卷[M]. 北京: 科学出版社.

朱曦, 姜海良, 吕燕春, 等, 2008. 华东鸟类物种和亚种分布名录与分布[M]. 北京: 科学出版社.

诸葛阳, 顾辉清, 蔡春抹, 等, 1989. 浙江动物志: 鸟类[M]. 浙江: 浙江科技出版社.

Bird Life International, 2020. IUCN RED List for birds. https://www.birdlife.org on 29/02/2020.

Birds of the World-Cornell Lab of Ornithology. https://www.hbw.com.

中文名索引

学名索引

英文名索引